屠龍：互動敘事法

迎向新科技多媒體平台的嶄新說故事法

SLAY THE DRAGON
WRITING GREAT VIDEO GAMES

羅伯特．丹頓．布萊恩特
Robert Denton Bryant
電玩遊戲界資深創意專家、
好萊塢發行者和開發者

基思．吉格里奧
Keith Giglio
派拉蒙、環球、迪士尼等
影視龍頭金牌編劇及遊戲製作人——**合著**

陳依萍——**譯**

答謝詞

首先，我們要感謝你購買這本書，等於是把硬幣投入遊樂機台中。我們希望能啟發你撰寫、製作或是開發出精彩的電玩遊戲，把業界提到更高的水準。

因為這本書是共同寫成，基思（Keith）和鮑勃（Bob）有共同的致謝內容要說。身為團隊成員，我們感謝肯．李（Ken Lee）和麥可．維斯（Michael Wiese）相信這本書，並開啟電玩遊戲世界給他們很棒的觀眾還有卓越寫手的社群。謝謝大衛．賴特（David Wright）拿出高超編修技巧，為我們把這本書升級到頂尖品質。謝謝黛比．伯爾尼（Debbie Berne）把我們散落的想法和思緒修整得體面。謝謝洛杉磯加州大學（UCLA）推廣部寫作學程的琳達．維尼斯（Linda Venis）和Chae Ko提供教室，讓我們能讓有同樣興致的夢想家齊聚一堂。謝謝我們的研究助理斯蒂芬．沃倫（Stephen Warren），還有愛麗絲藝術設計坊（Alice Art Design）及山本萊（Rae Yamamoto）處理圖像。另外特別感謝綽號為「尼爾森總監」（Major Nelson）的賴瑞．瑞博（Larry Hryb）為本書寫序。

我，基思，想要感謝其他在我人生遊戲圖版上的組成成員：朱麗葉（Juliet）、薩布麗娜（Sabrina）和艾娃（Ava）。我們從那個玩《戰國風雲》（Risk）瘋狂之夜起得到不少收穫。遊戲通常都會有贏家，而我一生擁有妳們讓我成為贏家。謝謝雪城大學（Syracuse University）所有在教室裡、外支持我們的人，特別是我的系主任邁克爾．斯庫梅克（Michael Schoonmaker）讓我們把課程內容寫到書上，還有院長洛林．伯蘭罕（Lorraine Branham）聽到我瘋狂點子時沒把我當成是瘋子。最後，我要感謝好友羅伯特．斯騰伯格（Robert Sternberg），每次能跟你一起打 Xbox 都讓我感到很愉快。不只如此，你還讓我吸取你的遊戲心得，包含你覺得遊戲中哪些發揮效果還有其中的原因。我希望你的熱情能變成你的專業。

而我，鮑勃，想要感謝我獲得金球獎（Golden Globe）的女友，在我寫這本書和做相關研究時一路上的體諒。還有謝謝前同事和我畢生好友凱倫·麥克馬倫（Karen McMullan）、馬丁·哈格瓦爾（Martin Hagvall）、聖約翰·科隆（St. John Colón）、艾米·齊米蒂（Amy Zimmitti）、邁克·道森（Mike Dawson）、艾倫·伊姆（Allen Im）、詹妮弗·埃斯塔里斯（Jennifer Estaris）、丹尼爾·布特羅斯（Daniel Boutros）、傑弗瑞·基思勒（Jeffrey Kessler）、格雷格·莫喬爾（Greg Morchower）、大衛·穆里奇（David Mullich）、比爾·史密斯（Bill Smith）以及邁克爾·布萊克利奇（Michael Blackledge），讓我擁有歸屬感，並讓我學會如何教導人。此外，大大感謝我所有歷屆的學生和「傻小子們」，我從你們身上學到的比我教你們的還要多。我想把這本書獻給我的乾女兒克里斯汀·埃里克森（Kristen Ericksen），三歲就用手排檔玩《跑車浪漫旅》（Gran Turismo），妳永遠是我心中最愛的遊戲愛好者。

序

Xbox Live 的「尼爾森總監」（Major Nelson）——賴瑞．瑞博（Larry Hryb）

電玩遊戲是個大事業。你很快就會知道（或本來就知道）電玩遊戲產業相當龐大。我告訴別人我從事的產業價值數十億美元，他們都很讚嘆。接著我繼續講到另一件趣聞：這比好萊塢還要大。沒錯。電玩遊戲產業的銷售只有四十六年的歷史，卻超越發展了一百二十五年的電影產業。

沒錯，就是這麼龐大。

我一直以來都很喜歡電玩遊戲，早至我在西爾斯（Sears）百貨公司的「電動遊樂場」第一次玩《乓》（Pong）（著名雅達利 2000〔Atari 2600〕的重新包裝版本），還有後來放學後到朋友家用 Intellivision 主機玩《美式足球》（NFL Football），其實螢幕上只是有很多點。我們要自己想像哪些是後衛、線衛（linebackers），用雙手還有想像力，花好幾個小時推動螢幕上的點。

我進到雪城大學紐豪斯公共傳播學院（Newhouse School of Communications）修讀電視、廣播和電影製作。這段期間，我學到傳統故事發展，以及使用科技將構想和角色成真：寫腳本、去到工作室，並用昂貴的（管式）鏡頭、專業盤式錄影機（VTR）等設備進行拍攝。我練習說故事技巧、角色成長弧、還有所有能造就優秀線性故事和節目的種種特點。我在白天修讀這些，晚上回到宿舍打電動（在紐約州北區。宅男在冬天還有什麼其他事好做？）我能感受到遊戲中的創意和技術層面相互衝撞。

有一天，我們會對電玩有著如電影和電視一般的忠誠度。有一天，會有遠方世界讓我們連續花上數小時探索。

所幸，我們沒有等太久。

我在二○○三年年底開始到 Xbox 團隊從業，那時我們正熱烈研擬「Xenon」也就是後來的 Xbox 360。我跟我所見過最聰明的人一起研發「平台」（遊戲執行的系統）：軟體開發者、測試人員、網路工程師、硬體工程師等人。每個人都極為聰明又有才能，跟我過去研究和習慣的創作環境簡直天壤之別。這些人是左腦人。我習慣於溫和、大略、模糊的右腦思考方式，但重點不是這個。我學會衡量、分析和做出以數據為根據的決策，而不只是憑靠「感覺對了」的直覺。

我也首次開始探討遊戲開發。

在我工作處的隔壁棟建築裡，是一間名叫 Bungie的工作室，幾年前被微軟收購了。他們研發的是《最後一戰 2》（Halo 2），也就是先前原版 Xbox 大成功的遊戲《最後一戰》（Halo）之續作。我常常會過去那兒參與會議，我注意到一件事：科技和創造之間的界線並不存在。這個團隊約有一百人，坐在 U 型室，全都是創意人員和科技人員，大家相鄰而坐，發想創意點子，並用電腦程式碼使其「成真」。我在眼前見識到非凡之事：兩個學科緊密合作，創造出我多年前還在讀雪城大學時夢想中的魔力世界。

不過，實際上有些差異。如同這本書會說明的，電視、電影和廣播是線性的說故事法。觀眾（或聽眾）被動坐著觀看（或收聽）以固定步調播出的故事，而且使用特別選定的鏡頭角度和移動方式。電玩遊戲跟這點完全不同。玩家是動作的中心。由他們決定移動、觀看和採取行動的時機與地點。他們可以在走廊上待十分鐘，或是十秒鐘。玩家能打開這扇門，或是另一扇門，接著從窗戶出去，又或從另一個窗戶出去。或許，他們轉過身，沿著建築物走。步調和方向完全由玩家自己決定。這種非線性互動式的說故事方式是電玩遊戲創新的內容之一。

你手上拿著的這本書，適合給想要了解這種新興說故事方式做為接續傳統說故事技巧演進的人。要是你為影視編寫過腳本，這本書適合你。如果你曾經玩電玩遊戲，並在心裡想著：「嘿，我有個很棒的故事構想」，這本書適合你。如果你想要更加了解這個成為大型文化和經濟力量的數十億美元產業，這本書適合你。

我酷愛電玩。喜歡的原因是人在玩遊戲時，可以創造故事和對角色產生比看電影更深的情緒連結。《碧血狂殺》（Red Dead Redemption）是款非常熱門的開放世界遊戲，場景設在一八〇〇年的美國西部，我玩這遊戲到最後，忍不住流了淚。

我玩完遊戲時，我太太走進房間，她問我「發生什麼事了嗎？」我只能指著螢幕說道：「結束了，終於結束了。」

我們在讀完一本好書或看完一部好電影的結尾，多少會有一些感觸。但這感受又更深。這是我親自控制的角色。是由我來讓故事依照自己的步調前進。因為我控制約翰．馬斯頓（John Marston）這角色，我對他變得瞭若指掌。從各方面來看，我變成了約翰．馬斯頓。尤其是經過無數小時的遊戲體驗和我做出的故事決策。進到結尾時，那種感覺令人難以承受。（我就不暴雷了，但如果你玩完這款遊戲，可能也會有同樣的體驗。）

在線性說故事作品中，故事和角色成長弧很直接，且結局對每個人來說是一樣的。電玩遊戲中經常就是這麼回事。但會更加貼近個人，因為電玩遊戲中，你實際上控制了角色和故事的步調。

電玩遊戲現在常常讓玩家可以控制敘事的方向，而在有些遊戲中，結局直接取決於你這名玩家在遊戲中做出的決策。電玩遊戲可以採用非常複雜的說故事手法，使得三個人即使玩同一款遊戲，卻因他們在遊戲中的決策而有不同的體驗和結果。這點非常強大。

這本書會讓你知道遊戲是什麼，並且探索故事和遊戲類型、情節、角色發展等更多內容。在我與業界合作的這幾年間，這本書是我看過最接近於創意電玩遊戲故事創作的聖經。我很榮幸能在這個了不得的產業工作，能創造自己的人生冒險。任何事情都可能發生。我很愛告訴我雪城大學同學我到微軟工作，而我們團隊贏下不僅一項而是三項艾美獎（Emmy Awards）。在電玩產業工作真正拿下艾美獎，這是我們一路走來得到的殊榮。（感謝國家電視藝術與科學學院〔National Academy of Television Arts & Sciences〕認可電玩科技的重要性和力量。）

好好享受閱讀這本書。享受創造自己的故事和角色，並將之實踐於遊戲中讓世界各地玩家都可以遊玩愉快的過程。

我希望有天能遇見你，聽你說說你在這產業中自己的驚奇和成果。

賴瑞・瑞博

推特：@majornelson

華盛頓州，西雅圖

二〇一五年二月

目次

CHAPTER 02 遊戲需要有故事嗎？

CHAPTER 03 亞里斯多德對上瑪利歐

CHAPTER 04 不一而足的電玩遊戲分幕結構

CHAPTER 05 寫出精彩的適玩角色

CHAPTER 06 我在遊玩時變換的身分？遊戲玩法的方法演技

CHAPTER 07 給寫手的遊戲設計基礎

CHAPTER 08 千層關卡的英雄

利用敘事設計工具箱建造世界

不能人人都當蝙蝠俠：談MMO及多玩家

CHAPTER 11

隨時隨地創造

CHAPTER 12

接下來呢？

CHAPTER 00

載入中……

邪惡組織綁架了戴斯蒙．邁爾斯（Desmond Miles），並用機器把他的意識傳送到過去，迫使他重新經歷祖先的冒險，那群人也就是由刺客組成的祕密團體。戴斯蒙有辦法存活下來，並阻止邪惡組織改變歷史的詭計嗎？

傑克（Jack）搭乘的飛機在大西洋中央墜毀，接著他發現一座名為「銷魂城」（Rapture）的人造海底烏托邦。不過，這座城市陷入瘋癲：著迷於基因變造的居民攻擊他，怪物「大老爹」更讓他差點當場斃命，而建造銷魂城的獨裁者將不計一切代價來維持掌控權。傑克有辦法逃出海底，而不至於變成這海底下被瘋狂世界控制的小卒嗎？

士官長（Master Chief）是被基因強化過的超級士兵，在他登陸到巨型環狀的星球後，必須要與「星盟」（Covenant）文明對戰。他有辦法阻止他們使用超級武器摧毀整個銀河的生命嗎？

■ ■ ■ ■

這些簡介聽起來像不像是好萊塢夏季即將上映的大片？簡直就是吧。每個故事發展都奠定價值數百萬美元的特許授權品（franchise），造就全球各地的觀眾、鋪滿貨架的授權商品、成群的扮裝影迷，還有多媒體的旁線故事。

但是，這些並不是會在你家附近上映的電影情節，至少在本書撰寫之際不是。不過《最後一戰：夜幕》（Halo: Nightfall）確實是電視劇。這些故事的發展、存在的世界和角色分別來自賣座電玩遊戲：《刺客教條》（Assassin's Creed）、《生化奇兵》（BioShock）和《最後一戰》。這些都是由電玩故事而來的大型特許授權。這些遊戲運用互動的敘事手法，描繪出豐富的世界，裡頭有著深刻的角色，讓玩家在「遊戲破關」之後仍想要繼續互動和進一步探索。電玩故事和角色的智慧財產（簡稱 IP），是我們集體流行文化想像世界的下一個大前線。電玩遊戲終於成熟，述說了眾多精彩的故事。

目前我們只提到三款，或許你還可以舉出更多例子：《決戰時刻》（Call of Duty）、《邊緣禁地》（Borderlands）、《惡靈古堡》（Resident Evil）、《潛龍諜影》（Metal Gear Solid）、《俠盜獵車手》（Grand Theft Auto）、《最終幻想》（Final Fantasy）以及《戰神》（God of War）。

這名單聽起來很硬核嗎？

我們也別忘了帶來數十億美元商機的親子同樂遊戲系列，像是《寶貝龍世界》（Skylanders）、《憤怒鳥》（Angry Birds）、《植物大戰殭屍》（Plants vs. Zombies）、《雷頓教授》（Professor Layton）、《拉捷特與克拉克》（Ratchet & Clank）、《部落衝突》（Clash of Clans），這名單能一直寫下去。

這一切是怎麼開始的？遊戲什麼時候變得不只是遊戲，而成為用來述說精彩遊戲的場域？就像是電影能追溯到《男人真命苦》[1]，令人想到第一個「票房之星」，堪稱街機界的查理．卓別林（Charlie Chaplin）；以及成就上千基地、探求行動、多項子授權品和十億美元產業的水電工——瑪利歐！

W00t，得到戰利品啦！

北美消費者去年花費二百一十億美元在零售遊戲[2]，而且這只計入使用傳統型遊戲機和個人電腦所玩的遊戲。如果換做是世界各地包括手機和平板電腦的各類平台遊戲，則估計有九百三十億美元[3]。（我們對於太大的數目比較沒有概念，但這邊提供做比較：同一時期，全球電影票房營收是三百五十九億美元[4]。）雖然現在有千款提供免費遊玩的遊戲，但熱情玩家對於能吸引自己的遊戲可是花錢不手軟。

此外，現在人人都打電玩。想想這點。遊戲已經存在大約快五十年有了！這段期間內遊戲的目標觀眾和主要遊玩對象都是青少年男孩。但現在各年齡層的人都玩遊戲：大約三分之一的遊戲玩家未滿十八歲，另外稍微多於三分之一的遊戲玩家年紀超過三十六歲，而剩下三分之一的人年紀介於十八到三十五之間。性別組成也趨近於平均：百分之四十八為女性，百分之五十二為男性[5]。

過去十年來，遊戲觀眾數目有爆炸性的成長。這波興起是隨著可觸控螢幕的智慧型手機和平板電腦問世，以及便於使用的下載商店如 Apple 的 App Store、Google Play 還有 Steam 的發展。另外也別忘了任天堂販售出百萬組的 Wii 主機，它開創性的握把式搖桿控制器，讓數以千計的爸媽和爺爺奶奶一輩也開始玩起電玩——且其中有許多是第一次玩。然而，雖然愈來愈多人玩起電玩遊戲，卻不是每個人都自認是遊戲愛好者（這也無妨，我們稍後再談這件事。）

有著這麼龐大而多元背景的人在玩遊戲，有些人正要預言**「我們熟知的好萊塢就要終結啦」**。

才不會呢。電玩遊戲（和互動式虛構故事）只不過是讓寫手發揮說故事技巧的最新媒體。我們有整個世代的人從小在遊戲的陪伴下長大。Xbox 取代有線電視盒。好萊塢沒有跑掉，但電玩遊戲也一樣。我們相信，就像是電視和電影之間互相學習一般，該是時候來檢視遊戲和電影這兩個說故事媒體間的異同了。好萊塢的新寫手在成長過程中家有遊戲，且可能隨身的包包裡就帶著遊戲。從手機到桌機，遊戲成為流行文化對話中的一環。

好萊塢的新進寫手和資深寫手、有志投入好萊塢者，又或是想在世界任何領域說好故事的人，都應該知道互動式敘事對於對話和內容所帶來的助益。

說故事科技之短得離譜的歷史

寫手向來容易受到新科技的吸引。從洞穴牆壁到印刷機，要是有傳達故事的新方法，說故事者（通常）就會擁抱這項技術。古騰堡（Gutenberg）印刷機起初是用來印聖經，但很快也用來印製其他作品。書籍價格隨著時間逐漸變低廉，報紙、雜誌和「廉價小說」（dime novel）也變得更便宜，因為是專門設計來量產和盡可能廣為流傳。查爾斯・狄更斯（Charles Dickens）是系列說故事大師，因此也是連載追劇情的始祖，他把每次小說內容刊載於便宜可棄式週刊或月刊雜誌上。喜愛他作品和角色的人，會對著走在倫敦街上的他猛問：你對可憐的皮普（Pip）還有什麼安排？

電台廣播成為大眾媒體時，寫手開始編起廣播劇：喜劇、懸疑劇、科幻劇、冒險劇、通俗劇……等應有盡有。各家戶每晚聚集到電台旁邊聽故事（有時也聽音樂歌曲）。奧森・魏爾斯（Orson Welles）以舞台導演身分成名，他用這個新媒體為H. G. 威爾斯（H. G. Wells）所寫的《世界大戰》（The War of the Worlds）執導廣播劇，但沒有讓觀眾知道這是戲劇，此事成為一件經典傳奇。那時美國人以為自己在聽音樂節目，結果插播一則特別報導，說火星人從紐澤西的格羅弗嶺（Grover's Mill）入侵地球。魏爾斯利用當時眾人周知的劇團以巧妙的偽裝敘事，在那一晚讓全國人民陷入恐慌。

要記住魏爾斯和威爾斯這兩個人名。

在二十世紀末電影問世時，對當時來說是新奇事物。早期把火車進站影像投影到螢幕上讓觀影者感到緊張詫異。在遊樂場遊蕩的人會投幣到電影放映機（kinetoscope）觀賞我們現在所知的連環圖片小動畫。（《生化奇兵：無限之城》在遊戲中運用默片來描述一部分故事。玩家就是透過這樣一台電影放映機來觀看。）

但電影裡原本並沒有**故事**，是到後來短篇虛構電影出現後才有的，例如愛德溫・波特（Edwin S. Porter）的十二分鐘電影《火車大劫案》（The Great Train Robbery，一九〇三年）。那時的觀眾不再像之前一樣獨自觀看電影放映機，而是聚在一起欣賞，他們坐在帳篷或劇場內的長板凳或椅子上。將近十二年後，D. W. 葛里菲斯（D. W. Griffith）驚人成功作（歧視程度也很驚人）《一個國家的誕生》（The Birth of a Nation，一九一五年）證明長篇的「正片」電影能夠講述出更長、更複雜、多線發展的故事。就連默片也需要有寫手（又稱為「編導」），也就是負責構思劇情和寫下插卡字幕的人。

電影在一九三九年臻於成熟。這時迎來了好萊塢的黃金時期。為什麼是一九三九年？一九三九到一九四二年間，推出眾多經典電影，至今仍耐人尋味：

《北非諜影》（*Casablanca*）
《大國民》（*Citizen Kane*）
《碧血煙花》（*Destry Rides Again*）
《亂世佳人》（*Gone with the Wind*）
《萬世師表》（*Goodbye, Mr. Chips*）
《梟巢喋血戰》（*The Maltese Falcon*）
《華府風雲》（*Mr. Smith Goes to Washington*）
《俄宮豔使》（*Ninotchka*）
《蝴蝶夢》（*Rebecca*）
《遊戲規則》（*The Rules of the Game*／*La règle du jeu*）
《綠野仙蹤》（*The Wizard of Oz*）
《少年林肯》（*Young Mr. Lincoln*）

《大國民》改變了這個媒體，為電影的說故事表現設下新的期望標準。導演是誰？奧森．魏爾斯，也就是那位用廣播劇造成全國恐慌的奇葩。

美國人每週上電影院的次數創下記錄，但狀況也改變了。電視來到家庭客廳，所以許多看電影的人改成坐到沙發上。現在，去電影院看電影的美國人人數不如以往，但全世界整體來說有更多人看電影。因此，好萊塢對電腦成像（CGI）和壯觀動畫的胃口跟著變大。現在全世界都看懂「卡──蹦！」和

「刷刷！」的效果。

如果你隨手拿本主題在講娛樂的雜誌、在一旁聽一聽作家餐桌聚會所談內容、看一看除了廣播和電視台以外的原創節目，像是 Netflix、Amazon 等串流供應商，那麼你就會聽到這個共識說法：我們現正處於電視的黃金時代，呈現前所未有的佳績。寬頻和大量追劇風潮改變說故事的方式。觀眾喜愛連載型長篇故事，就像是狄更斯當年所做那樣。（說到這，許多大型遊戲特許授權能提供的分集故事內容，遠比 Netflix 更長。）

以說故事的媒體而言，電視並沒有一開始就進入黃金時代。美國爸媽並沒有安排吃飯配《絕命毒師》（Breaking Bad）或《黑道家族》（The Soprano）影集。數十年來，許多電視節目基本上都只是配上圖片的廣播節目（許多很早期的電視劇是始於廣播劇形式，例如《妙爸爸》〔Father Knows Best〕和《奧茲與哈里特歷險記》〔The Adventures of Ozzie and Harriet〕）。電視當前的鼎盛時代，有著精細的電影說故事技巧，可是花了將近七十五年才達成。幾十年來，電視是最不被看重且經常被貶低的媒體（除了漫畫）。劇場影評約翰・梅森・布朗（John Mason Brown）說過一句著名的話，把電視稱為「眼睛的口香糖」[6]。在時尚圈內，說自己喜歡看電視會顯得很遜。我們這類熱愛電玩的人是不是見慣了這種態度？

遊戲的黃金時期？

我們從彈跳球的《乓》（Pong）遊戲一路走來有長足發展。我們已經來到電玩遊戲展現說故事技術的黃金時代。所幸，近年來科技進入平穩時期。在上一代高解析度的遊戲主機裡，可以看見撲來想咬你的殭屍的鼻毛。而在現在「新世代」的技術，可以看見撲來想咬你的殭屍鼻毛上塵蟎隻隻活動中的腳。對多數玩家而言，過去十年來意義最重大的科技發展是創新的控制器（搭配觸碰螢幕、攝影鏡頭、塑膠吉他和手握桿）、強化網路連線，還有智慧手機與應用程式商店的便攜性及易用程度。

這件事之所以令人振奮，是因眾多創作者能夠利用更優質的遊戲玩法，專注於做出更令人入迷和富有情緒張力的故事，而不用再花大把時間學習如何把圖轉換到完全不同的平台上。《戰慄時空》（Half-Life）、《最後一戰》、《刺客教條》、《異塵餘生3》（Fallout 3）、《生化奇兵》、《秘境探險》（Uncharted）、《質量效應》（Mass Effect）、《最後生還者》（The Last of Us）等以故事為主幹的特許授權品不斷吸引觀眾回來體驗新一章的故事內容，還有更深入探索這些令人欲罷不能的精彩世界。

雖然不是「可玩的電影」，但它們的聲光效果媲美電影級。動態捕捉和其他千種科技進展帶來更高的寫實程度和美感。這些世界和故事發展都吸引了頂尖的好萊塢人才。配樂不再只是八位元的乒乒乓聲，而是大型交響樂。世界的構築還有神話無可匹敵。過去電玩遊戲產業的常態，現在成為電影和電視每個故事會議的關鍵要點。這些遊戲的創作者和敘事設計師，如《生化奇兵》的肯・萊文（Ken Levine）、《古墓奇兵》（Tomb Raider）的蘇珊・奧康納（Susan O'Connor）、《暴雨殺機》（Heavy Rain）的大衛・凱奇（David Cage）等人，在遊戲會議上受到如搖滾明星般的對待。

經紀人、經理人和寫手，都在談現今世界中寫手應該要如何懂得撰寫一切內容：電影、小說、戲劇、文章還有網路影集，甚至是電玩遊戲。

好萊塢的召喚！

影視產業執行人員向來對電玩遊戲感到驚奇。不過，就像是眾多成人一般，他們很難理解這些電玩。但，如果說電影大片和遊戲有什麼相同處，那麼就是創作者和經銷商不斷追求「大膽點子」。

好萊塢喜歡大膽點子。高層級概念的單一金句、讓人進電影院觀看的故事、讓人願意為得到解答而付費的誘人「要是」（What If?）提問、能滿足粉絲對續作和衍生作品無盡渴求的 IP（還有周邊的書、玩具和T恤）。每間大型媒體公司想要的無非就是類似《星際大戰》（Star Wars）的重量級特許授權品，每當發布點新資訊或是釋出新的預告片，就能在漫畫大會上布滿整個大廳並且可能在推特上大量洗文。

這吸引人的地方有兩層：對於創作者和粉絲而言，在於探索刺激世界以及了解精彩角色；對於主管人員來說，關乎金錢！就像是由演員佛瑞德·華德（Fred Ward）飾演的古斯·葛利森（Gus Grissom）在《太空先鋒》（The Right Stuff）裡面所說：「沒錢就搞不成科學」（No bucks, no Buck Rogers.）

根據一派說法，美國現代首個跨媒體特許授權品就是《綠野仙蹤》（我們說的不是一九三九年 MGM 公司發行的寶貴影片，那是將近四十年後的版本）。L. 法蘭克·鮑姆（L. Frank Baum）在一九〇〇年寫下《美妙的奧茲王國》（The Wonderful Wizard of Oz，原版綠野仙蹤）。這本書暢銷了好幾年，接著他又根據「美好奧茲舊王國」寫了十三部小說。接著他把這作品推出音樂劇版，在百老匯十分成功且在美國巡迴演出。一九一四年，他把自己奧茲影視製作公司（Oz Film Manufacturing Company）發行的一系列默片擴展成電影[7]。接著經過近四十年來推出各個許多衍生劇和商品（包括授權及未授權）之後，觀眾才看見演員茱蒂·嘉蘭（Judy Garland）穿上閃亮的紅鞋。

這些在跨多個媒體的奧茲歷險讓鮑姆大賺一筆（他也有賠錢，但那是題外話。）觀眾買他的書，還有表演入場票，因為他們已經知道奧茲和裡頭的角色，而想要了解更多。對鮑姆來說，因為有既有的觀眾，販售新的奧茲主題叢書比販售場景設於另個世界的新書來得簡單（他也試過好幾次推出非奧茲的故事）。片商和遊戲出版商的行銷執行人員把這個叫做「預認知」（pre-awareness），也就是大家競相爭逐的聖盃。

這些有著預認知的觀眾喜歡隨電影被帶往探索最愛世界中的新地點，並與最愛的角色們一同展開情感旅程。戲劇理論（根據亞里斯多德〔Aristotle〕，之後會再提到他）主張觀眾會和主要角色產生同理的情感連結，所以每當主人公經歷變化時，觀眾也會有情緒改變，這又稱作是「宣洩」（catharsis）。

而且，以上這一切都只是觀眾被動坐在電影劇院椅子上。我們要談的可不是「被動」娛樂，這本書談的是「互動」娛樂。

為什麼書名要叫做「屠龍」？

打電玩遊戲時，玩家好比身處駕駛座（有時是真的在駕駛座賽車，例如《跑車浪漫旅》〔Gran Turismo〕），身心都投入於遊戲之中。電影裡，英雄可能要斬殺巨龍來救公主（或王子），而我們在觀眾席上想要「看到」他完成這件事情。不過，在遊戲裡，我們想要透過「玩家角色」（player character，簡稱 PC）來自己屠龍救公主（或王子）。我們也想在一路上更能參與其中。我們是玩家，想要實際遊玩。

戲劇寫作有句格言叫做「行動即角色」（Action is character.）要是我們看見一名角色做某件事情，就會用以定義該角色的身分。不過在電玩遊戲中，我們主宰著玩家角色的行動。我們控制螢幕上的角色時，也促成該角色的型塑（同時也變成他們）。這些遊戲的「機制」（mechanics）就是玩家能在遊戲中做的事情：跑跳、射擊、探索、蒐集物品、解開謎團、打敗魔王和自己當老大（稍後會講更詳細）。這些是受到遊戲和探求行動還有目標的推動而壓下搖桿、按下 X 鍵、Y 鍵。藉此貼近角色實際在故事中所過的生活。

過去，遊戲寫手在學習這一點時最容易感到自身的渺小。玩家通常對於你在故事中安排的內容不感興趣，他們真正感興趣的是他們自己能在遊玩時創造的故事內容。身為寫手的你，要學習透過玩家行動的觀看角度來說故事。要是玩家不成功，角色就不成功。不過，時代改變了：玩家和觀眾都想要有更具深度的內容和可以引發共鳴的角色。我們為什麼會看見遊戲玩家一有機會就跑回自由城（Liberty City，編按：《俠盜獵車手》遊戲中的虛構城市）呢？

已故作者布萊克・史奈德（Blake Snyder）的開創性書作《先讓英雄救貓咪》（Save the Cat）談了好萊塢編劇寫作，他讓我們見識到我們這些電影觀眾對英雄角色情感投入的重要性。他把那些讓人開始力挺電影英雄的場景稱為「救貓場景」。電玩遊戲也有非常類似但更加積極的原則：玩家要對你為他們鋪設的旅程投入情感。

玩家要親自「屠龍」。

這就是玩家所注重的。故事要牽涉到玩家。玩家要想在遊戲世界裡做出和目睹酷炫的事物。

遊戲機制（例如屠龍）要跟故事彼此間能相互強化。這兩者要能互相搭配。在接下來幾頁的內容，我們會引導你理解如何用整合方式來透過遊戲玩法說故事。遊戲玩法就像是電影中的動作場景，要能隨故事發展有生動變化，讓觀眾摒除懷疑而能享受過程。在最棒的遊戲中，能像完美煉金術般結合敘事和遊戲玩法，因此兩者能相輔相成（想想《生化奇兵》中途的大逆轉）。你要探求的內容，如同後續章節所列出，就是要熟練這套煉金術。

這兩位是交付任務給你的人：鮑勃和基思

電玩遊戲中，NPC 是指非玩家角色，他們時常負責引導玩家角色探索世界。這些數位幫手交付任務和提供資訊給玩家角色。他們給出要去探求的任務、實行規則、和說明事項。（例如，《最後一戰》中士官長的 AI 幫手科塔娜〔Cortana〕。）你知道他們在遊戲中的身分包括了導師、攤販、酒保、路人、教師和訓練師。我們即將要擔任你的任務交付者。我們很高興能跟你一起探索這個複雜而充滿驚奇的電玩敘事世界。

我們不會偷走你的虛擬戰利品然後拿去 eBay 網站賣掉（不過我們兩人之中有一人真的懂怎麼辦到喔）。

說到我們的故事，是起於一九二〇年代位在洛杉磯心臟地帶的奧蘭治格羅夫（Orange Grove）街上一間公寓樓房。如果要給這故事下一個標題，那就叫做「亞里斯多德對上瑪利歐」，採用的是分支敘事法（之後談到結構時會細部討論）。

鮑勃和基思都在近期從頂尖的影視學院碩士班畢業，分別是南加州大學和紐約大學。他們的住處僅隔兩間房之遙，後來相識成為好友是因為一起在費爾法克斯（Fairfax）街吃了衣索比亞料理、把一大堆 Oki-Dog 塞下肚、到洛杉磯暴動現場，還有開車去聖地牙哥漫畫會（當時還找得到停車位）。

基思走的路線是前進好萊塢。他與妻子朱麗葉（Juliet）共同撰寫長篇正片的劇本，好幾年來擔任編劇工作。

鮑勃則是到電玩產業工作。他先從底層的遊戲測試員做起（可以想成是製作助理、郵件收發員或是讀稿人）。鮑勃很快就在電玩業界升遷，進到產品開發部門，並成為工作室總監，擔任數十個遊戲的執行製作人。

鮑勃花費數小時來玩各式遊戲，特別是打《魔獸世界》（World of Warcraft）打太過頭了。基思跟外甥打《最後一戰》而學了好幾課。鮑勃和基思兩人持續是好友，一起吃晚餐、用專業人員通關卡出席漫畫大會、看漫畫，還有聊電影和遊戲。

不過，雖然兩人走往不同道路，但他們個別的世界漸漸融合在一起。Xbox 和 PlayStation 行銷的對象不再只是青少年和父母，也推廣到一般成人。從小打電玩長大的兒童現在在影視業界擔任寫手、總監和視覺效果師。

某一年，鮑勃帶基思去參加位在洛杉磯展覽中心（Los Angeles Convention Center）的電子娛樂展（Electronic Entertainment Expo，E3）——可以把這想成是電玩業界的坎城影展（Cannes Film Festival）。這是基思第一次參加，他覺得自己好像是《星際大戰》的路克（Luke）走入莫斯艾斯利（Mos Eisley）酒吧，只是沒有那麼危險且少了一些斷肢（編按：星際大戰系列電影有許多斷手臂的畫面，此處提到的場景是絕地大師歐比王〔Obi-Wan〕在該酒吧中斬斷龐達・巴巴〔Ponda Baba〕的手），多了的是光劍。

基思見到數百萬人一同共享的娛樂之巨大世界，以及精彩萬分的故事內容。群眾人數相當多，穿梭於大型攤位之間，而各攤位有著遊戲出版商和硬體製造商設立的巨型螢幕，這些廠家包括Ubisoft、美商藝電（Electronic Arts，EA）、SquareEnix、Xbox、PlayStation、任天堂。各攤位都有奢華的裝飾，一旁還有行走的遊戲角色在拍攝。大螢幕上重複播放遊戲的預告片，管絃配樂響徹整個大廳：《質量效應》、《刺客教條》、《闇龍紀元》（Dragon Age）、《最終幻想》。

這些遊戲的外觀和給人感受簡直就像電影！內容的品質非常吸引人。電腦動畫的好品質就像是在看《魔戒三部曲》（The Lord of the Rings）一般。不過，更重要的是，螢幕上的故事大放異彩、討人矚目。電影和遊戲不再是遠親，關係變得像是親兄弟。西南偏南（SXSW）藝術節主題聚焦於在音樂、電影和遊戲。二〇一三年翠貝卡影展（Tribeca File Festival）首次播出遊戲《超能殺機：兩個靈魂》（Beyond: Two Souls）畫面，由艾倫・佩姬（Ellen Page）和威廉・達佛（Willem Dafoe）「飾演」其中角色。《紙牌屋》角色弗蘭克・安德伍德（Frank Underwood）的演員凱文・史貝西（Kevin Spacey），也在近一版《決戰時刻》出演反派角色。而《決戰時刻：現代戰爭 2》（Call of Duty: Modern Warfare 2）的配樂則是由獲獎編曲家漢斯・季默（Hans Zimmer）編寫。

電影與遊戲世界交融，娛樂界的景觀更為寬廣且充滿著可能性。（題外話：上一次鮑勃和基思到 E3 時，偶然到附近菲格羅亞飯店〔Hotal Figueroa〕的酒吧，與一個來投售遊戲企畫的成人片影星一起吃小蛋糕配啤酒。這裡要說的重點是：每個人都對電玩有興趣！）

當然，電影對遊戲造成影響。《秘境探險》是互動式的印第安納・瓊斯（Indiana Jones），《古墓奇兵》是女版印第安納・瓊斯，而在《當個創世神》（Minecraft）裡，你就成了印第安納・瓊斯。

不過所有關係都是雙向的。電玩遊戲也對電影、書籍和電影產生了影響。只有我們認為《全面啟動》（Inception）裡描述的心靈層級就好比是電玩遊戲的層層關卡嗎？

第一款熱銷主流 CD 遊戲大作是經典的《迷霧之島》（Myst），內容講述一座充滿謎團的島嶼。這個前提聽起來是否對電視觀眾不陌生？電視劇《迷失》（Lost）的創作者之一戴蒙・林道夫（Damon Lindelof）對其中的相似處是這樣說的：

> 對我來說，最有影響力的是《迷霧之島》。在《迷失》裡頭傳達很多其中的感受。讓它這麼有魅力的因素也讓它充滿挑戰性。沒有人

告訴你規則是什麼，你要自己到處走和探索環境，然後故事漸漸會呈現出來。《迷失》的道理也是一樣的[8]。

身為布克獎（Booker Prize）得主的小說家薩爾曼・魯西迪（Sir Salman Rushdie）在躲藏前伊朗領袖阿亞圖拉・何梅尼（Ayatollah Khomeini）法特瓦裁決（fatwa，伊斯蘭教令）的那幾年，用電玩來當做避難的逃離出口。他說他挺喜愛瑪利歐。電玩遊戲的結構影響了他的說故事的方式。他的小說《盧卡與生命之火》（Luka and the Fire of Life）裡面有個主角是「超級盧卡」，他得到九百九十九條命，要想辦法通過重重「關卡」來竊取生命之火，才能喚醒他昏迷的父親。他表示非線性敘事模式讓他覺得很值得探索，他說：「我想這真的讓我對說故事感到興致，也就是從旁線切入的方式來述說[9]。」

編劇遇上遊戲製作人，戰火爆發

記得之前說過我們故事是分支型的吧？現在回頭來看這點。基思繼續擔任影視寫手，但他也多留心注意電玩遊戲世界所發生的事情。鮑勃繼續去執行製作更多遊戲，他投入的是根據一家玩具公司的 IP 而來且以機制為重的遊戲，但遊戲世界似乎比較薄弱。

他在洛杉磯會議中心的用餐區對基思說：「我需要一名寫手。」這時他們倆參與漫畫書展正在中場休息。

基思問道：「什麼的寫手？」那時他正因參與當時進行中的作家協會罷工的遊行而痠著腿。

「我製作的遊戲。要是你想要試寫看看，要請你為 NPC 寫幾個響亮短句（bark）。」

「NPC？響亮短句？」鮑勃用起了基思感到陌生的語言。（在後續幾頁我們就會教你這種語言。）基思問了幾個問題、釐清之後，寫下幾個響亮短句並爭取「敘事設計師」的職位（遊戲業的「內部寫手」）。

雖然他們互相幫對方寫的內容給評語已經行之有年，但這次是他們第一次正式合作。兩人的合作狀況很好，除了會對故事應該在遊戲中發揮的功能有些爭議。

「這不是電影！」

「這角色需要多一點成長弧！」

「自主性那什麼鬼東西？」

「要讓觀眾在乎！他們要參與其中！」

「他們是玩家，不是觀眾！」

這是故事要點和遊戲機制之爭，也就是亞里斯多德和瑪利歐的對戰、戲劇與趣味之別。他們會花好幾小時的時間討論電影、電視和電玩的戲劇結構。有哪些相同處？有哪些不同處？這是持續不斷的教育內容，他們決定針對這部分開一門遊戲寫作課，就是洛杉磯加州大學（UCLA）推廣部的知名寫作學程。

第一堂課是整日的講習課。他們不曉得會有誰、是不是真的有人會出席。那時在西木區（Westwood）是陽光明媚的攝氏二十三度，有誰會想坐在教室裡頭跟鮑勃和基思學習故事結構、遊戲機制、或是響亮短句？

但是教室裡座無虛席。有些人是在遊戲設計和社群管理從業，有些人是編劇，有些人是有志成為遊戲設計師者，還有最出人意表的，是一流女演員兼製作人和她的丈夫兼製作伙伴，本身也是一名在職的電視演員。休息時間基思問她：「妳怎麼會修這門課？」她說是因為知道這是說故事者的新興場域，身為製作人的她想要更詳細地了解。

基思和鮑勃繼續把這個課程擴展成 UCLA 整學期的寫作學程。接著基思搬往東部，在雪城大學（Syracuse University）授課。鮑勃把課程升等，同時在國際線上授課，並且與他在其他學校開設的遊戲製作課結合起來。

他們的學生進到遊戲業界時，對故事在遊戲中的作用都有了更深入的了解。

這正是我們想要給讀者你的目標，也就是提升身為寫手的能力。

誰需要這本書？

我們堅信今日的編劇必須了解互動媒體才能夠成功。

現今，許多在職電影導演公開表示電玩遊戲對他們作品的影響。導演喬・柯尼許（Joe Cornish）對他執導作品《異星大作戰》（Attacking the Block）這麼說道：

> 「怪物算是受到超級任天堂（SNES）一款名為《另一個世界》（Another World）的遊戲啟發，」柯尼許說道，「裡頭有許多以剪影創造出的精湛生物。」他另外提到，在單一地點安排《異星大作戰》事件也是來自於電玩遊戲的點子。他說那是第一人稱射擊遊戲裡常見的「統一空間」[10]。

丹・雀柏格（Dan Trachtenberg）根據電玩遊戲《傳送門》（Portal）執導一部原創短片。該短片爆紅，達到一千五百萬以上的觀看次數[11]。他現在預定要負責拍攝漫畫《世上最後一個男人》（Y: The Last Man）的電影版，該漫畫作者布萊恩・沃恩（Brian K. Vaughn）也是《迷失》的製作人。

華納兄弟（Warner Bros.）拍攝大熱賣的《樂高玩電影》（The Lego Movie）。觀眾已玩了樂高積木好幾年。而在所有影評（充滿好評）和對於該影片的討論中，我們發現欠缺提及眾人對樂高的熱愛。數年來，大家過著有樂高的世界，而且不只是遊戲積木，還有搭配任何樂高遊戲的有趣動畫冒險，包括《樂高印第安納瓊斯》、《樂高星際大戰》，還有《樂高蝙蝠俠》。過去十年間，英國開發商旅人故事（Traveller's Tales）設計的樂高遊戲啟發了《樂高玩電影》的漫畫感。這部電影可說是在劇院開創新的天地。數百萬名觀眾對該世界已經很熟悉。我們很失望影評沒有提到這一點。

華納兄弟看準了樂高電影的成功，接著也把《當個創世神》加速發展成為長篇正片的特許授權品。對於世界上數百萬人來說，這款作品早已經是成名的特許授權品了！這就像是為一大個已出爐的蛋糕抹上糖霜。（順便說，《當個創世神》的創作者能在洛杉磯買下七千萬美元的房，看來要有特大號的廚房才能放得下這麼大的蛋糕吧。）

記得本章節開頭的故事情節介紹嗎？撰文之際，它們都要被翻拍成電影了。《刺客教條》預定由麥可．法斯賓達（Michael “Magneto” Fassbender）主演。雷利．史考特（Ridley Scott）的公司正在開發《最後一戰》的電影版。雖然此時此刻還卡在「開發地獄」中，但我們想必到時候首日就會去看《生化奇兵》的電影。

《刺客教條》的出版商 Ubisoft 常被比做是下一個漫威，因為他們也透過募資要讓自家產品能搬上大銀幕，包括兩部湯姆．克蘭西（Tom Clancy）小說改編成遊戲的特許授權品：預定由湯姆．哈迪（Tom Hardy）出演的《縱橫諜海》（Splinter Cell）和《火線獵殺》（Ghost Recon）[12]。

遊戲不再只是遊戲。世界相互交融、向人們席捲而來。這有時容易讓人混淆。我們會在這為你釐清其中的差異、和連通的相似處，並且讓你多加思考將之結合的煉金術！

希望你認同其中的點子和練習值得探求。我們寫這本書訴求的對象是：

- 想要探索互動說故事技巧的寫手、
- 想要了解故事在遊戲開發流程中具有什麼功能的寫手、
- 想讓作品更加整合並能在情感方面與遊戲玩法相搭配的遊戲寫手（或遊戲玩法設計師），或是
- 故事型電玩的熱情粉絲

每個章節最後安排了「龍之試煉」的練習。我們鼓勵你做看看。讓我們擔任你的任務交付者，帶領你構建世界、創造角色、做分支敘事和處理遊戲機制等等主題。

現在你的旅程要開始了。

是時候來屠龍啦！

◎本書使用方式（按下 X 鍵以略過）

電影（和電視）與電玩遊戲；電玩遊戲與電影。本書是這兩種媒體類型之間的橋樑。我們把這兩者分別稱為「線性敘事」和「互動敘事」。

你可能很熟悉採用線性敘事的媒材：角色、衝突和其他戲劇原則。但你可能完全不懂遊戲機制和遊戲玩法。或者，你是已經上手的玩家或遊戲創作者，熟悉遊戲玩法卻不怎麼了解故事結構。基於這點，我們提供了幾項「自選冒險途徑」的選項來引導你讀這本書。雖然我們討厭跳過剪輯場景，但有時也必須如此。所以我們在此提供了「略過」的按鈕。

如果你是對遊戲稍有涉獵的寫手

本書多數內容對你來說會是新鮮的。當然，你會忍不住想要跳過故事而直接進到遊戲玩法的部分。但你還是會讀到與故事相關的內容，因為這是互動敘事中很不一樣的地方。

必讀章節：全部！

如果你是對故事稍有了解的遊戲開發者

對於遊戲開發者來說，〈故事裡的天地〉這樣的章節可能像是給小朋友的營隊教學，跳過吧。你或許也能略過遊戲機制。但不要跳過故事或是角色。就連關卡設計對於如何持續吸引觀眾（提供引人入勝的內容）也有些助益。

必讀章節：

二、遊戲需要故事嗎？

三、亞里斯多德對上瑪利歐

四、不一而足的電玩遊戲分幕結構

五、寫出精彩的適玩角色

六、我在遊玩時變換的身分？遊戲玩法的方法演技

八、千層關卡的英雄

九、利用敘事設計工具箱建造世界

十二、接下來呢？

如果你是影片製作人或是創意執行人員，想尋求下一個跨界 IP

大家都希望自己是工作室裡能讓電玩遊戲電影（或電視節目）大為成功的那個天才。當前沒有成功，是為什麼？我想你讀完整本書應該能讓這份職責變輕鬆些。把兩個世界統合起來。你沒有打算要踏入電玩遊戲這一行，所以或許也可以跳過多數的練習。

必讀章節：

一、遊戲裡的天地

二、遊戲需要故事嗎？

三、亞里斯多德對上瑪利歐

四、不一而足的電玩遊戲分幕結構

五、寫出精彩的適玩角色

六、我在遊玩時變換的身分？遊戲玩法的方法演技

七、給寫手的遊戲設計基礎

八、千層關卡的英雄

十二、接下來呢？

如果你是拿本書當教科書的教師

本書的所有內容都在教室做過 beta 測試。我們對本書的結構安排能讓你用來分配到整學期。每章節都有練習題目和我們與工作坊學生一同取得的成功經驗。

我們的學生繼續進到電玩遊戲業擔任寫手、製作人、測試員甚至是刊物記者。

必讀章節：全部！

如果你是想要創造自己遊戲的愛好者

從頭讀到尾吧。（也別忘了各項練習！）

透過遊玩來學習

在每個章節的最後，我們會給練習建議。這不是功課，而是趣味活動。這能讓你動動腦筋，也就是預備好讓腦袋注入絕佳點子。

1 寫遊戲日誌

遊戲就是要拿來玩的。這聽起來有夠簡單，卻是不爭的事實。不過現在你玩遊戲的時候，我們希望你能加強分析的眼光。開始使用遊戲日誌，記下你對所玩的每個遊戲有什麼印象，不論正面或負面。在玩遊戲的過程中做記錄，或是剛玩好不久後記錄下來。

2 玩桌遊

你在第一篇目中，要玩的是桌遊。不過，不是棄置在你媽家中地下室、或是你自己櫥櫃裡的那種。找個「新」、也就是以前從沒玩過的桌遊來玩。

桌遊在過去近十年來經歷了一場復興。電視劇《星艦迷航記：新一代》（Star Trek: The Next Generation）演員威爾．惠頓（Wil Wheaton）主持一個稱為《桌上遊戲》（Table Top）的網路系列劇，其中邀請名人和業界老手來玩新桌遊。

不過，你為什麼要玩桌遊呢？

儘管寫手可能還滿喜歡閱讀遊戲說明指南的背景故事，或是非常喜歡包裝盒背後描述的世界。但從另一方面來看，透過桌遊很適合讓寫手開始思考遊戲設計的事。寫手玩桌遊時，應該要問：規則是什麼？有什麼障礙？有獎賞或是成就嗎？挫敗情況？遊戲採用什麼結構？這本書並不是在談怎麼依據統計和數學來平衡遊戲玩法，而是在談遊戲故事的書。不過，寫手們很快就會了解到，遊戲和遊戲玩法是一體兩面。而桌遊的遊戲玩法是如何反映它的故事或是世界呢？

遊戲愛好者可能很懂遊戲玩法。他能像是編劇看透故事結構般看清遊戲的架構。所以遊戲愛好者要玩新的桌遊，並把精力放在故事上面，也就是遊戲的世界。有哪些角色？他們分別代表什麼？遊戲發展脈絡是什麼？角色的目標是什麼？還有這目標和玩家們的目標相同嗎？遊戲的世界是怎麼傳達給玩家的？

挑個遊戲來玩，並花一頁的篇幅來描述故事、情節和遊戲設計體驗。把你的印象記錄到遊戲日誌裡。

如果你還沒試過，以下這些桌遊很值得一玩：

《星際大爭霸》（Battlestar Galactica）
《紐約之王》（King of New York）
《神話》（Myth）
《量子戰爭》（Quantum）
《波多黎各》（Puerto Rico）
《卡坦島》（Settlers of Catan）
《諾丁漢警長》（Sheriff of Nottingham）
《鐵道任務》（Ticket to Ride）

要是你還苦惱著不知要試什麼桌遊，在 www.boardgamegeek.com 有眾多優秀的選擇。

3 打電玩遊戲

（我們知道這個任務超級明顯。）

遊戲有太多款了，時間卻是很不夠。基思要他編劇課班上的學生看完美國電影學會（American Film Institute，AFI）列出的「歷來最佳美國電影一百部」名單。這個嘛，有志成為電玩寫手的人也要做類似的事情。然而，沒有絕對的前一百大遊戲，但確實有些名單對許多優異的遊戲有共識。不少遊戲雜誌和網站會定期發布這類的名單。不過，身為寫手的你，應該要把注意力放在故事型遊戲。（畢竟《乓》就只不過是《乓》。）雖然有許多經典遊戲經過「重製」而能在現代系統上遊玩，包括個人電腦和智慧型手機，但也不是所有老遊戲都能歷經時間仍屹立不搖。

找出大約近五年來因故事吸引人、或世界令人沉浸而被認可的遊戲來玩。找用電腦、遊戲主機、手機或是平板電腦的遊戲來玩。找獨立遊戲（indie games）來玩。下載試用和示範版本來玩。找像是《國際足盟大賽》（FIFA）或籃球遊戲《NBA 2K》的運動遊戲來玩（沒錯，它們有故事內容。）

玩玩看暢銷款、評論精選款和獲獎遊戲。雖然遊戲業界還沒有自己的「學院獎」，但還是有值得注意的類似名單。二〇一四年遊戲大獎（The Game Awards）被提名和正式得獎的故事型遊戲例子，包括：

《勇氣默示錄》（Bravely Default）
《破碎時光：第一部》（Broken Age: Act I）
《神諭》（Divinity）
《闇龍紀元：異端審判》（Dragon Age: Inquisition）
《中土世界：魔多之影》（Middle-earth: Shadow of Mordor）
《南方四賤客：真實之杖》（South Park: The Stick of Truth）
《伊森卡特的消失》（The Vanishing of Ethan Carter）
《陰屍路：第二季》（The Walking Dead, Season Two）
《與狼同行》（The Wolf Among Us）
《這是我的戰爭》（This War of Mine）
《英勇之心：偉大戰爭》（Valiant Hearts: The Great War）
《德軍總部：新秩序》（Wolfenstein: The New Order）

我們也在班上推薦以下的遊戲名單，這些遊戲的敘事、角色或是世界非常引人入勝，而且遊戲玩法很生動地配合遊戲的發展。這幾款也是我們認為利用電玩遊戲寫作工具的最佳互動敘事作品。

《刺客教條》（Assassin's Creed）系列
《神鬼冒險》（Beyond Good & Evil）
《生化奇兵》（BioShock）
《生化奇兵：無限之城》（BioShock Infinite）
《時空幻境》（Braid）
《兄弟：雙子傳說》（Brothers: A Tale of Two Sons）
《駭客入侵》（Deus Ex）系列
《異塵餘生》（Fallout）
《異塵餘生3》（Fallout 3）
《最終幻想7》（Final Fantasy VII）
《戰神》（God of War）
《戰慄時空》（Half-Life）
《最後一戰》（Halo）系列
《暴雨殺機》（Heavy Rain）
《迷霧古城》（Ico）
《風之旅人》（Journey）
《最後生還者》（The Last of Us）
《質量效應》（Mass Effect）
《傳送門》（Portal）
《傳送門2》（Portal 2）
《史丹利的寓言》（The Stanley Parable）

（如果你最愛的作品沒在名單上也不要緊。這個名單本來就短，而且沒有絕對。我們在這提出來只是要讓你有切入點來探索故事型遊戲。）

挑個遊戲來玩，並花一頁的篇幅來描述世界、情節和遊戲玩法體驗。把你的印象記錄到遊戲日誌裡。

---

1 Tora-san, Our Lovable Tramp（又名It's Tough Being a Man，日語：男はつらいよ），是由日本導演山田洋次執導的一系列電影，自1969年上映到1995年間，共推出48部相關電影，是金氏世界紀錄最長系列電影。

2 Entertainment Software Association, Essential Facts about the Computer and Video Game Industry 2014, p. 13. http://www.theesa.com/facts/pdfs/ESA_EF_2014.pdf

3 http://www.gartner.com/newsroom/id/2614915

4 http://boxofficemojo.com/news/?id=3805&p=.htm

5 Entertainment Software Association, p. 3.

6 1955 June 6, Time, Radio: Conversation Piece, Time Inc., New York. (Accessed time.com on September 12 2013; Online Time Magazine Archive)

7 Baum, L. Frank. The Wonderful Wizard of Oz. Oxford University Press, 2008.

8 http://entertainment.time.com/2007/03/19/lyst_cuse_and_lindelof_on_lost_1/ In the same article, he says "we have a lot of gamers on our writing staff."

9 http://www.theverge.com/2012/10/10/3482926/salman-rushdie-video-game-escapism-hiding

10 http://www.denofgeek.us/movies/18632/the-growing-influence-of-videogames-on-movies

11 http://youtu.be/4drucg1A6Xk

12 http://screenrant.com/video-game-movies-future/

CHAPTER 01

遊戲裡的天地

遊戲並不是電影，電影也不是遊戲。

沒有人會決定出門去看遊戲，我們也難以想像會有朋友互相傳訊說：「怎？要不去玩個電影？」

那不符合邏輯。電影哪能夠玩？電影是用看的。遊戲要怎麼看？遊戲是用玩的。（不過，Amazon 花數十億美元買下 Twitch.tv 證實電玩也要變成可以觀賞的活動了，也就是觀看運動賽事[13]。）

遊戲和電影是兩種不一樣的媒體。影視娛樂（電影、電視、有腳本安排的網路影片，以及任何為螢幕所編寫的內容）與電玩遊戲有極為相似處、也有截然不同處。不過，隨著這兩類說故事平台愈是趨近，其中一方的慣例也會開始影響另一方。近期的兩大電玩電影《明日邊界》（Edge of Tomorrow）和《末日列車》（Snowpiercer）都不是依據真實電玩拍攝，這兩部電影所具有的電玩特徵，沒有在玩電玩的觀眾不一定辨認得出來。

那麼，我們所謂的「電玩遊戲」是指什麼？

所謂遊戲指的是

我們先來處理比較簡單的部分：「電玩」所用的 video 一詞指的是「使用電腦在螢幕上播放。」這台電腦可以是在手機、遊戲主機或是筆電中的電腦。不過，我們想用「電玩遊戲」（video games）來涵蓋所有電腦遊戲。可以吧？好。我們在這整本書通常都會是講數位（電腦）遊戲。我們對於許多熱門「類比」（桌上）遊戲相關的寫作和世界構建有十足的敬重。可是，說實在的，鮑勃還沒學會玩《卡坦島》，所以我們通常提到的都會是電玩遊戲，但也偶有例外。

較困難的部分，也就是要定義「遊戲」（game）可是難上許多，尤其是牽涉到「遊戲研究」學家（ludology 是指對於遊戲和遊戲玩法的學術研究。）我們現在處於不斷演進的時期，而何謂遊戲仍有爭論。

以《文明帝國》（Civilization）聞名的設計大師席德．麥爾（Sid Meier）說道：「遊戲是一連串有趣的決策[14]。」

受人景仰的遊戲學家賈斯珀．魯爾（Jesper Juul）則說：「遊戲是有規則根據的系統，有著可變、可量化的結果，而不同結果配上不同的價值。玩家盡力影響該結果，對於結果有情感上的依附感，且此活動的後續安排是可協調的[15]。」

破除偶像派的獨立遊戲開發者和評論家安娜．安思羅比（Anna Anthropy）表示遊戲的定義是「由規則所創的一段經驗[16]」。

依照本書所需，我們最中意安思羅比的定義，因為限制最少、功用多元且最簡短。

不過，遊戲最核心的幾個面向有哪些？這些特徵是否也出現在電影或電視等其他說故事的媒體？

目標和障礙

遊戲有目標。經典的桌遊會在說明書上方印出「遊戲的目的」。為了讓這些目標有其挑戰性，遊戲會設下障礙。從西洋棋裡小卒阻擋小卒，到《大富翁》裡的監牢，以至於《蛇梯棋》（Chutes and Ladders）的走反路，遊戲都會有障礙來阻撓玩家進展。

任何形式的戲劇也會有阻礙和衝突。要是主角奧德修斯（Odysseus）能用Google 地圖，史詩故事《奧德賽》（Odyssey）內容就會大幅縮水且缺乏趣味。

角色

「我要當大禮帽！」有聽人說過這句話嗎？這是在一群人坐下來玩《大富翁》（Monopoly）時會出現的情景。遊戲經常會有各個由玩家在遊戲體驗過程中「扮演」的角色。記得《妙探尋兇》（Clue）嗎？人類會與他人產生身分認同，或帶入他人角色（不管是真實或虛構），對象不只是人，也包括動物和植物（參考《植物大戰殭屍》），甚至還有是無生命的物體，就像是《大富翁》的大禮帽。甚至還有顏色。鮑勃從小到大都喜歡選黑棋。他覺得黑色比較有型且比白色或紅色等顏色酷。

遊戲中會有角色（或是「替身」）擔任故事的主人公（對玩家而言）。也必定會有反方對敵。這可以是其他玩家、電腦控制的反派人物，做為會移動和行動並有酷炫對話的阻礙。

設置（遊戲世界）

你坐下來玩一個遊戲時，遊戲製作者會提供劇情。也就是遊戲世界，或是「設定」。構築世界是為玩家打造吸引人體驗的第一步。遊戲在哪發生？《大富翁》中的大西洋歷史城市嗎？想像中的卡坦島嗎？《鐵道任務》裡十九世紀的美國嗎？就連「簡單」桌遊如《軍略棋》（Stratego）、《海戰棋》（Battleship）、《戰國風雲》（Risk）都向人展示了遊戲世界，即陸地戰場、海上戰場和全球規模的戰場。（對了，《海戰棋》電影版《超級戰艦》裡的異形是從哪跑來的？遊戲盒子裡面可沒有！）

競爭

競爭是遊戲玩法的一大要件。玩家互相競爭，或是和遊戲本身競爭，又或是兩者同時進行。在單人模式的遊戲中，玩家是和遊戲系統本身競爭，但在線上積分賽和成就排行上，則是和全世界的人競爭。腳本戲劇中也有一部分重要安排是觀眾看不同陣營相互競爭，並為裡頭「正派人物」如奧賽羅（Othello）、《梅岡城故事》（To Kill a Mockingbird）的阿提克斯・芬奇

（Atticus Finch），或是《飢餓遊戲》（The Hunger Games）的凱妮絲・艾佛汀（Katniss Everdeen）等人加油。

還有，或許最重要的是：規則。

規則

遊戲有規則。這是在遊戲開始的時候參與者第一件討論的事情。有人會解說規則、如何移動、哪張卡牌代表什麼、勝利條件是什麼。

電影和電視也有規則，戲劇一樣也有規則。角色必須要有動機，線索要埋下，以及衝突要能獲得解決。如果故事偏離了這些規則，會使人感到不安、不滿意，又或是變成拉斯・馮・提爾的驚世駭俗作品。

遊戲中規則很重要。沒錯，確實有的遊戲不是依規則遊玩的。例如，小時候在遊樂場沙子坑玩的遊戲（請記住沙子坑／沙盒〔sandbox〕這個詞）、遮臉躲貓貓（Peek-a-Boo）、轉圈圈遊戲（Ring Around the Rosies），或是扮家家酒或玩恐龍的擬真遊戲。不過，同樣是在遊樂場，也會有要求小朋友要按規則玩的遊戲，像是躲貓貓、圍圈抓鬼（Duck, Duck, Goose）和四方手球（Four Square），還有各種運動和卡牌遊戲。

當然，桌遊也是。

所以規則是什麼？規則可以用「如果—那麼」的陳述方式來思考。「如果」我做或達成一件事情，「那麼」另一件事情就會發生，可能是賞或罰。簡單來說，就是在玩《決戰時刻》或《戰地風雲》（Battlefield）經歷的：

如果我踩到地雷，那麼我就會死。

所以，玩桌遊的時候，玩家可能需要查找規則書或是說明手冊。而電腦很棒的一點是能自動執行規則，簡直就像隱形了一樣。電腦會自己擲骰子、迅速算數（物理和運算）、計分，以及擔任裁判。電腦會在遊戲狀態中記錄變化（位置、統計數據和成就等等）。想像一下就知道，要整晚派一人負責做這件事會有多累。在許多遊戲裡頭，電腦就是你的地下城主，不會語帶嘲諷或發出口臭。因為電腦負責執行遊戲，玩家可以沉浸在遊戲世界當中。最後，要揭露更多故事的時刻，電腦都會完美顯現內容，屢試不爽。

然而，遊戲也不限於由規則系統創造體驗而已，也牽涉到故事。故事本身也有規則。想想有關打開遺失方舟的規則，或是使用原力的規則。又或是在《全面啟動》中要怎樣把人從夢中喚醒？玩家（和角色）做出會影響結果的選擇，而這些結果也會反過來影響玩家可以做的選擇。這就是個回饋迴圈：規則創造後果，後果帶來感受，感受影響玩家下一波的行動，而行動會再次受到規則判定。每場遊戲不斷如此重複個數萬回。

想想看，你玩遊戲時要直接被送入大牢的時刻有什麼感受，或是終於解出干擾你進度的謎團，又或是找到能完成探求任務的隱藏物品。我們身為遊戲寫手的目標是要運用這些感受來加深對玩家的敘事經驗。這就是遊戲能具有的說故事煉金術，將遊戲玩法和敘事融為一體。

我們會在下一章節進一步探索故事，而現在，我們先把遊戲當做是**情緒的歷程**。如果是這樣，我們能感受到這點，那麼就可以把遊戲想成是**行動的歷程**。

遊戲是行動的歷程

什麼行動？涵蓋一切玩家所採取的行動、遊戲系統因其行動而採取的後續行動（或是對手玩家的行動），以及其後玩家再度採取的行動等等。

遊戲機制是玩家在遊戲中所能採取的行動。也就是遊戲中的「動詞」。遊戲設計師隨時都在思考玩家在關卡內可以做哪些事情，就像是編劇不斷思索角色在一場景中要做哪些事。什麼合乎道理？什麼很有挑戰性？什麼太簡單或太無趣？

以下概略舉例常見的遊戲機制，還有遊戲範例。想想看你近期玩過的遊戲，或是你最愛的遊戲。名單中你能認出那些機制？又有哪些是裡面欠缺的？

移動

這包括很多，像是用固定速度**跑步**，例如《神廟逃亡》（Temple Run）、《屋頂狂奔》（Canabalt）；或是**加減速**，甚至**控制方向**，例如《街機賽車》（Pole Position）、《世界街頭賽車》（Project Gotham Racing）。你可以**跳躍**，例如《超級瑪利歐兄弟》（Super Mario Bros.），和**縮身**如《超級瑪利歐兄弟3》（Super Mario Bros. 3）來躲避障礙物或是抵達新的平台。你可以追逐或閃避，像是**逃離**敵人，如《小精靈》（Pac-Man）或是**追逐**敵人（吃到強化能量的小精靈）。

探索

在某空間裡**尋找**暗藏的開關，例如《迷霧之島》和《謎室》（The Room）；或是用整體**探索**關卡在世界中找尋的奇幻之物，例如《魔獸世界》。你也可以**蒐集**物品，像是《精靈寶可夢》（Pokémon）和《樂高星際大戰》（Lego Star Wars）；或是**採集**資源，像是《當個創世神》。要是有人要**搜查**你，那麼你要想想怎麼**躲藏**，例如《潛龍諜影》。

計畫

這個範圍廣泛，可以包括**管理**（《模擬城市》〔SimCity〕、《模擬樂園》〔Roller Coaster Tycoon〕）、行使**策略**（《文明帝國》、《王國的興起》〔Rise of Nations〕，或是單純**買賣**（《模擬市民》〔The Sims〕、《勁爆美式足球》〔Madden〕的球隊模式）。你也可以**選擇**使用什麼武器或增強物（《憤怒鳥》〔Angry Birds〕、瑪利歐賽車〔Mario Kart〕）、**排列**珠寶等物品（《寶石方塊》〔Bejeweled〕、《益智方塊》〔Puzzle Quest〕），又或是分派牌組裡的卡片或是技能點數給角色（《魔法風雲會》〔Magic: The Gathering〕或是《質量效應））。

戰鬥

有**攻擊**和**守備**，在個人搏鬥有《快打旋風》（Street Fighter）、《鐵拳》（Tekken），以及團隊應戰的《最終幻想戰略版》（Final Fantasy Tactics），或是軍隊混戰如《星海爭霸》（StarCraft）和《全軍破敵》（The Total Wars）系列。有些遊戲主打近身**刺擊**，包括祕密行動如《刺客教條》，或是公開行動如《騎士精神：中世紀戰爭》（Chivalry: Medieval Warfare）。不過，電玩中最熱門的戰鬥形式是**射擊**。無論是從橫向視角如《異形戰機》（R-Type）、俯視視角如《爆破彗星》（Asteroids）、後方過肩視角如《戰爭機器》（Gears of War），或是第一人稱視角，包括《雷神之鎚》（Quake）、《魔域幻境》（Unreal）及《最後一戰》等眾多作品，玩家都喜歡瞄準目標、按下按鈕，讓模擬的物理規則自動完成動作。

抓時機

這也是廣泛的一項，包括了在《乓》和《打磚塊》（Breakout）裡**截擊**球、在《勁爆熱舞》（Dance Dance Revolution）或《吉他英雄》（Guitar Hero）裡跟隨節奏**配合**腳步或是彈奏速度，又或是在《全民高爾夫》（Hot Shot Golf）裡**揮舞**球桿。

前面說過這只是概略舉例，有哪些遺漏掉了呢？我們會在〈第七章：給寫手的遊戲設計基礎〉裡進一步探討這一點。

請記住，很多遊戲還有非常多故事遊戲都結合好幾種機制，不管是同時間或是分階段進行。在《俠盜獵車手》的遊戲中有飆車，有射擊，也有時邊飆車邊射擊。而在《席德麥爾大海盜》（Sid Meier's Pirates!）裡，從事鬥劍、航行、貿易和其他各種海盜活動。

理解遊戲的機制對於遊戲定位很重要，包括在零售商店的架上和遊戲玩家的心裡，因為從長久歷史角度來看，這就是我們對於遊戲類型的聯想。

遊戲類型與故事類型

故事是情緒歷程。我們通常會把電影和電視（加上小說和戲劇）依照引發的情緒分類成喜劇、恐怖片、浪漫劇等。

然而，遊戲是動作的歷程。我們會依照遊戲的核心機制把它們分成賽車、射擊、角色扮演等類型。享受某種機制的玩家往往會尋求同類型的機制，就好比是喜愛推理小說的人會找更多推理小說來閱讀。所以商家會把《最後一戰》和《決戰時刻》放在同一貨架上。雖然其中一個是太空歌劇（space opera），另個是都市戰鬥模擬遊戲，但它們有同樣的核心機制：透過點擊來射擊。不過，我們依照機制來將遊戲分類並不表示故事對於遊戲的娛樂不重要。故事應該要和遊戲機制類別相互補足。這在遊戲的開發和製作時會結合在一起。說完這些，我們要來談談電玩遊戲實際製作的過程。

遊戲如何製作？誰來主導？

電影有導演，也就是劇組中的老大，負責管理所有創作和技術部門，好讓電影製作相關的數百人各司其職地將導演的統合創作視野實踐於電影之中。

電影製作過程在一世紀前於歐美地區發展，而慣例做法（產業文化）深深扎了根。很難想像一部電影沒有導演，我們也有長期的「鬼才導演」（auteurs）傳統，像是魏爾斯、希區考克（Hitchcock）、柏格曼（Bergman）、費里尼（Fellini）、庫柏力克（Kubrick）等人。

遊戲本身卻是沒有導演。有時候會有創意總監或是設計總監，偶爾會在大型專案或是日本遊戲上看到「由某某人監製」或「遊戲監製人」，不過這個詞很少用。可能有個人（暫且說是「遊戲設計總監」）擁有對遊戲的視野，但他總是需要與人合作，包括製作人（負責行程和預算）、技術總監（或是領頭程式設計師，負責程式碼），以及其他部門的主管（美術、音效、行銷、現場團隊、測試、社區管理人等），將創意視野配合該專案的其他有限資源（時間和金錢！）

製作電腦遊戲的流程是在四十年前出現於日本、美國和歐洲，而各地區的遊戲開發文化都稍有差別。在美國，遊戲開發流程往往反映出自一九六〇和一九七〇年代興起的軟體開發之成熟歷程（銀行業、醫藥、航空）。在這行業裡，客戶（由行銷人員代表）經常陳述出需求或是創意視野，再經由專案經理的中介，然後「管理」撰寫軟體的程式員團隊（聽起來很有「呆伯特」（Dilbert）的味道嗎？確實沒錯。）

所幸，遊戲開發更為民主化，也就是在管理整個團隊上（由製作人或專案經理完成，而非總監）更仰賴共識建立與交涉，而不是由獨斷的導演用擴音器坐在帆布椅上下達指令。在早初發想時期常常會有「藍天」期，這時候所有好（或壞）點子都會盡可能表達出來！

藍天期就是創作的蜜月時期，一切都有可能。創意人員會面、集思廣益、暢所欲談。這些人可能是在此界的製作人、設計師和寫手。要是遊戲裡能有任何世界，那會是如何？藍天期起始於合作，與參照劇本、依循編劇創作的好萊塢歷程相當不同。當然，遊戲的創意製作人也會拒絕多數的點子，但至少都會讓人為各種點子發聲。

確實也有一些電玩負責人的工作模式和受愛戴程度如同電影導演：《潛龍諜影》的小島秀夫、《文明帝國》的席德・麥爾、《模擬城市》和《模擬市民》的威爾・萊特（Will Wright）、《神通鬼大》（Grim Fandango）的提姆・謝弗（Tim Schafer）和《生化奇兵》的肯・萊文等人。不過這些是特例而不是常態。

遊戲點子從哪來？

鮑勃在美泰兒（Mattel）擔任遊戲測試員時，他認為自己有個很棒的遊戲構想：復甦當時即將消亡的「太空超人」（Masters of the Universe）IP，並製作硬核動作遊戲來鎖定從小玩希曼（He-Man）與幽靈王（Skeletor）長大的

二、三十歲年輕人。因為目標是成熟的觀眾，鮑勃想像這遊戲是採用硬派、暴力的希曼。幽靈王在多年前征服了葛雷堡（Castle Greyskull），而希曼被奪去了神力之劍且被流放到宇宙礦場做苦役。鮑勃從工作室召集專屬的美術和製作人員（常常身兼遊戲設計師）小組，並利用午餐時間向他們說明這個構想。

「首先開場是由希曼的三個伙伴圍繞著營火。他們群龍無首、受盡壓迫且無家可歸。其中一人開始唱起……」然後鮑勃切入他為第一個剪輯場景所寫的一首歌曲。

「等等，」一名製作人員說道，「這是你要提案的『遊戲』嗎？那我要做什麼事？」

「這個嘛，要努力想辦法離開礦場，並且重新拿下葛雷堡」

「好，那是故事的部分。我實際要做什麼事情？」

鮑勃原本想說遊戲玩法的細節可以之後再想，看來他錯了。

他這回的經驗，對於從影視編劇和小說轉到遊戲寫作的寫手來說很常見，就是清楚領悟到你們這些寫手並不會是遊戲的主要創作者。菜鳥遊戲寫手幾乎每天都會聽到製作人員或是程式設計師對自己說：「我們做不到你要的」。一個簡單的點子，像是「讓我們的主角下水游泳！」就會對遊戲行程和預算造成很大的衝擊，因為實行該提議需要投入時間和金錢來創造出預期外的模型、材質和動畫樹圖。說來諷刺，在電玩遊戲這樣的互動式媒體開發過程，卻是很難在專案中途臨時因應各種改變。

這是不好的一面，也是先前的事。好的一面是，隨著媒體（和觀眾）愈來愈精明挑剔，各層級的開發人員會需要好的寫手來在市場上競爭。我們現在才剛開始解放電玩遊戲在藝術自我表達面向的潛能。

雖然傳統上的遊戲概念是由科技和遊戲機制推動，但這點正在改變。《最後生還者》的點子並非來自於遊戲機制，而是源自寫手兼共同監製者尼爾·達克曼（Neil Druckmann）的內心構想。他想要改編經典殭屍電影《活死人之夜》（Night of the Living Dead）來開發成一款遊戲。因為沒辦法取得相關權利，所以發想出自己的版本，混搭了《活死人之夜》和經典 PS2 遊戲《迷霧古城》[17]。達克曼把這變成自己的點子，揉合了故事和遊戲機制而帶來顛覆業界的遊戲。

敘事設計師

如果太晚讓寫手加入專案整合所有物件和接手製作已自成一格的內容的話，電玩遊戲的製作流程會受到不良影響。敘事設計師可能在早期就進入專案。史蒂芬．戴恩哈特（Stephen Dinehart[18]）是「跨媒體故事設計師及互動設計布道者」，他在部落格〈敘事設計探索者〉（The Narrative Design Explorer）中提出敘事設計師的角色和職責，這是我們看過寫得最好的。他寫道：

> 敘事設計師主要負責的是，確保故事和說故事設置相關的玩家體驗、腳本和談話內容生動、刺激且令人欲罷不能。

近期新產生一個比敘事設計師初階的工作職稱，叫做內容設計師。不過，不管稱呼為何，我們希望你有一天能到你自己喜歡的遊戲開發部門工作（或甚至自己經營這部門）。

但在學會飛之前，總要先會爬行。我們先把一切細分成最基礎來看。

我們要來談談故事，下一章節見。

製作遊戲

1 寫出你自己的遊戲

本練習中，遊戲玩法已經鎖定，由你只能使用說故事工具，盡可能把遊戲變得有趣。遊戲是個簡單的擲骰子競賽：

桌遊

1. 兩名玩家。
2. 一顆六面骰子。
3. 兩名玩家從同一格開始（#1）。每名玩家輪流擲骰子，並把自己的代表物圍繞圖板前進一到六格。
4. 先抵達最後一格（#32）的人獲勝！

如同你想的那樣，這是最無聊的遊戲玩法。要請你發揮想像力來把遊戲變生動，包括決定這遊戲發生於什麼樣的世界、兩名玩家的身分是什麼，還有當兩名玩家在接近遊戲結尾時，每個「場景」（每一格）會發生什麼事、以及說著什麼樣的故事。

格子上不要留白！

最簡單的方法就是填完以下的表：

格子	故事內容
1.	
2.	
3.	
4.	
後續	

我們在班上做過好幾次這個練習。我們希望說故事者一開始先用桌面遊戲來說故事。有個學生製作的是爬珠穆朗瑪峰的「極限運動生存」遊戲。五名玩家穿戴裝置和帶著補給物品，遇到暴雪而被困住。他們能成功存活下來嗎？實際玩遊戲來找出答案。每一格都讓你更深入該世界。使用的語言和語調會讓玩家沉浸於極限登山的世界。這同時複雜又簡單。目標要很明確。

記住，不要改變規則，或是重新設計遊戲桌面的樣貌。你要以設計到一半的遊戲為基礎來繼續設計（專業遊戲寫手時常要這麼做）。把想要自行設計的意念留存到下一個練習。

2 把你最愛的電影變成桌遊

這個練習跟上一個恰恰相反。現在你主要要做的是創造出反映現存故事的遊戲設計。拿你最愛的經典電影來試試。為什麼要經典電影？因為你最愛的近期電影很可能已經有桌遊版了（還有，把《超級戰艦》和《妙探尋兇》又改編回桌遊有失公平）。

選擇非動作片或冒險類型的經典電影：《大國民》、《沉默的羔羊》（Silence of the Lambs）、《當哈利碰上莎莉》（When Harry Met Sally）、《動物屋》（Animal House）、《奇愛博士》（Dr. Strangelove）、《熱舞17》（Dirty Dancing）、《早餐俱樂部》（The Breakfast Club）……你要怎麼把這樣的電影改編成桌遊呢？你可以做成任何類別的遊戲，但愈簡單愈好。我們可沒有要你做出有精緻設計圖版加上 3D 列印角色的遊戲。

設計遊戲圖版

1. 用遊戲範本創造一個簡單的桌遊。你可以用上面的桌遊，或是想要更多例子的話就上網查「桌遊範本」。
2. 選擇圖板。現在你有個架構。用鉛筆非常粗略的畫出。
3. 寫下你的構想。遊戲是怎麼個玩法？遊戲的目標是什麼？
4. 機制是什麼？用骰子嗎？幾顆？需要創造和畫卡牌嗎？
5. 一次有多少玩家一起玩？遊戲性質是互相競爭或是一同合作？

遊戲的故事

1. 電影節奏（情節點、故事事件）如何引領遊戲迎向結局？想想你選擇電影中的幾大重要場景，要在桌遊中如何呈現？
2. 你需要卡牌或是岔路來代表故事中的轉折嗎？要怎麼表示進展和挫折？遇到挫折是往回走三步嗎？或是六步？這由你決定。
3. 角色有哪些人？假設是個英雄對上壞蛋的遊戲。是否好人和壞人往相反方向前進？如果他們走到同一格，雙方會開戰嗎？要怎麼戰鬥？是擲骰子嗎？戰鬥結果會是什麼？

測試遊戲

1. 寫下規則。
2. 玩遊戲、做測試。請朋友來玩，並觀看他們玩。把觀察記錄到你的遊戲日誌中。
3. 重新寫規則。
4. 請更多朋友來玩。把更多觀察記錄下來。

精修遊戲

1. 重新製作美術設計。
2. 重寫遊戲規則並加上遊戲介紹。
3. 重寫卡牌內容。他們有表現出角色的語氣嗎？

想想看要怎麼維持原電影的精神和語調。你在卡牌上使用的語氣符合電影的語氣嗎？譬如，如果遊戲是《沉默的羔羊》，卡牌念起來是否像是出自於漢尼拔・萊克特（Hannibal Lecter）之口？或是克麗絲・史達琳（Clarice Starling）特務？還是水牛比爾（Buffalo Bill）？

---

13 http://www.forbes.com/sites/ryanmac/2014/08/25/amazon-pounces-on-twitch-after-google-balks-due-to-antitrust-concerns/

14 http://www.gamasutra.com/view/news/164869/GDC_2012_Sid_Meier_on_how_to_see_games_as_sets_of_interesting_decisions.php

15 Juul, Jesper. 2005. Half-Real: Video Games between Real Rules and Fictional Worlds. Ebook. 1st ed. Cambridge, MA: MIT Press, loc 400.

16 Anthropy, Anna. 2012. Rise of the Videogame Zinesters: How Freaks, Normals, Amateurs, Artists, Dreamers, Dropouts, Queers, Housewives, and People Like You Are Taking Back an Art Form. Ebook. 1st ed. New York, NY: Seven Stories Press., Loc. 939.

17 The Making of "The Last of Us" - Part 1: A Cop, A Mute Girl and Mankind, http://youtu.be/Fbpvzq-pfjc, retrieved January 20, 2015.

18 http://narrativedesign.org/about/

CHAPTER 02

遊戲需要有故事嗎？

「我們來討論情節的適當結構，因為這是首要之事……」

——亞里斯多德《詩學》（Poetics）

亞里斯多德被譽為人類史上第一位說故事大師。他了解故事結構對於理解和欣賞故事、戲劇或詩的重要性。在《詩學》裡，他分析了創造戲劇和詩作的方法（戲劇和詩作是希臘在基督教尚未興起前主要的說故事型態），描繪了在觀眾面前展開故事時「主人公」（protagonist，主角）的角色。亞里斯多德大概從來都想像不到戲劇的觀眾也成為主人公或是共同作者的情境，而這正在電玩遊戲和其他型態的互動說故事作品中發生。

故事有其重要性

來到現在此刻，我們來談論並釐清「故事對遊戲不重要」的胡說。故事、敘事、設定和世界對於電玩遊戲的重要性不亞於遊戲玩法、角色設計、美術指導、聲音效果或是配樂。想想看看玩遊戲時沒有遊戲玩法、角色設計、美術指導、聲音效果或是配樂，那會成了什麼樣子？數位圈圈叉叉？你會覺得好玩嗎？你還會玩很久嗎？你還會跟朋友聊相關的事嗎？我們身為終身寫手，聽到有人肯定地聲稱「遊戲不是說故事的媒體」，不免感到有些不耐煩。

遊戲當然可以是說故事的媒體，就像是書本能是說故事的媒體。就算有些書猶如電話簿，也不能否認《長路》（The Road）、《在路上》（On the

Road）或是《末世男女》（Oryx and Crake）的說故事性質。我們這些遊戲創作者，不應該再把我們的媒體想成是單一同質的整體，也不應再用單一同質的蜂巢式思考。遊戲會說故事，只是方式不同於線性媒體。遊戲玩家探索魯爾所謂「介於虛構世界和規則之間的半真實區域」[19]。

不過，不是每款遊戲中的故事成分都一樣重。一般而言，故事在再現型（representational，較真實）的遊戲會比在表象型（presentational，較抽象）遊戲來的重要。

這些情境的故事非常重要……

在動作和冒險的遊戲特許授權品中（如《古墓奇兵》、《秘境探險》、《戰神》），強而有力的敘事對於遊戲玩法相當關鍵。這些遊戲會把玩家角色送到刺激而危險的新世界，讓他們能在裡頭追尋寶藏、解決謎團和迎戰敵人。每一回，玩家都知道蘿拉・卡芙特（Lara Croft）或是奈森・德瑞克（Nathan Drake）要找什麼，而敘事框架讓他們有更好的遊戲玩法決策。開發商頑皮狗（Naughty Dog）在處理《秘境探險》系列時，採用非常偏向電影型的手法，在玩遊戲和剪輯場景中，使用電影的鏡頭角度和跳接（jump cuts）手法在遊戲中讓觀眾產生懸念。比起其他任何系列，《秘境探險》系列最能傳達出十年來的老牌行銷口號「就像是在玩電影一般」。

玩射擊遊戲時，要知道玩家射擊的對象，還有更重要的是射擊的原因。遊戲敘事能提供或是交代各式各樣的敵人類型、武器類型和玩家目標。就算是情節不多的遊戲如《惡靈勢力》（Left 4 Dead），也讓玩家進入到充滿群群恐怖喪屍的豐富環境中，而且只能跟其他三名角色結盟作戰。

最仰賴故事的遊戲類型，或許當屬角色扮演（RPG）遊戲。這類遊戲承繼了RPG 桌遊如《龍與地下城》（Dungeons & Dragons）和文本解析的電腦遊戲如《巨洞冒險》（Adventure）和《獵捕獅頭象》（Hunt the Wumpus）

在單人 RPG 系列（如《上古卷軸》〔Elder Scrolls〕、《異塵餘生》）還有大型的線上多人遊戲（《魔獸世界》、《星戰前夜》〔EVE Online〕），世界都很廣大，玩家經歷該世界的傳說（lore）和角色背景故事。這為踏上旅程而不斷成長的玩家提供了宏大冒險的脈絡。

這些情境的故事則沒那麼重要……

《俄羅斯方塊》（Tetris）是一大熱門遊戲，但缺乏故事。益智遊戲經常不需要故事。為什麼在《寶石方塊》裡要把漂亮寶石串聯在一起呢？這不是很重要，好玩就行了。

在《勁爆美式足球》和《勁爆美國職籃》（NBA Live）這類運動模擬遊戲中，故事對於多數玩家可能不太重要。雖然專業運動遊戲在提供歷史和傳統等敘事的推廣上表現優異，但運動電玩的賣點是讓玩家可以把自己當做是最愛的明星運動員。玩家可以達陣、踢球射門、贏下拳擊賽、全季的多場比賽；或是「球隊」模式使得玩家可以讓自己最愛的隊伍（像是芝加哥小熊或是克里夫蘭布朗隊）贏得世界大賽或是超級盃（這真是夢幻的遊戲）。只是，這樣的故事（即使很夢幻）是提供給個別玩家的私人經驗。

然而，這些「故事」可是經歷過非常多的撰寫。遊戲中的每場比賽都有自己的敘事，有自己的開頭、中段、結尾。比賽的主播（由專業運動評論員配音）會隨著遊戲賽事的發展進行描述。因為在腳本設計上，讓主播能會根據情境發展而反應。要是一名四分衛受傷或是狀態不好，遊戲玩家就會聽到如同真正美足聯盟比賽般的評論。《勁爆美式足球》的寫手花了整年時間，讓遊戲中的主播能視比賽局勢和選定運動員的成績說出相應的話，包括談論數位遊戲還有真實情境。

在《跑車浪漫旅》或《橫衝直撞》（Burnout）系列的賽車遊戲中，駕駛人就是玩家，幾乎不會露面。在《王國的興起》和《文明帝國》的策略遊戲中，世界對於遊戲玩法的脈絡很重要，但玩家對於「司令」的角色認知卻是很少。不過，就連這些類型的遊戲也會標榜故事（就算只是「職業生涯模式」）做為賣點。遊戲製作者盡可能在遊戲玩法上安排步步高升的情緒，讓遊戲不會給人隨機安排的感覺。玩家感覺自己正向著目標邁進。而沒有目標的話，就沒有故事，就連在《國際足盟大賽》遊戲中，也有要射門得分的目標！

但也不乏特例

當然，也有不少例外。像《決戰時刻》這類的第二次世界大戰遊戲既沒有令人印象深刻的角色，也沒有懸疑感，因為玩家已經知道同盟國最後會打贏，而軸心國注定敗陣。以美國南北戰爭為題材的多數遊戲也一樣。（不過，《決戰時刻》系列的《現代戰爭》從二戰轉移到近期未來場景，年年推出新動作片式的故事模式，且有知名好萊塢人才如編劇大衛．高耶〔David Goyer〕和演員凱文．史貝西參與而贏得盛名。）

有些益智遊戲也有貫穿主軸的故事。其中一個有豐富故事的熱門遊戲是《傳送門》，裡頭玩家角色雪兒（Chell）受到名為 GLaDOS （基因生命體與磁碟作業系統）的人工智慧挑戰。雙方要用傳送門槍在中心相互較勁來逃脫光圈科學電腦輔助豐富學習中心（Aperture Science Enrichment Center）。GLaDOS 答應雪兒要是能破除所有關卡會請她吃蛋糕。蛋糕是很棒的目標，能存活下來也是。

《星海爭霸》和《終極動員令》（Command & Conquer）是有深入故事和生動角色的即時策略遊戲。《星海爭霸》是由暴雪娛樂（Blizzard Entertainment）開發，該公司也製作了《暗黑破壞神》（Diablo）系列、《魔獸世界》。暴雪打造了非常豐富的世界，讓玩家能探索生動、複雜的角色，並對他們產生認同感（或是與之對戰）。這間公司之所以能夠享譽全球，無非是因為重視敘事，加上精緻的遊戲玩法。

不過，並不是每個玩家都會花一樣時間留意你辛辛苦苦投入好幾個月做的故事。要是你無法接受這點，你就找錯媒體了。雖然《決戰時刻》的故事模式耗資幾百萬美元，但有些玩家會直接跳過。玩家會跳過剪輯場景。玩家也會不去聽遊戲的對白、音效和配樂，有時更喜歡替換成自己的播放清單。這也是會有的事情，不要太放在心上。

暴雪的《魔獸世界》團隊花費許多時間和心力編寫艾澤拉斯（Azeroth）

世界的傳說。寫任務的寫手很仔細依照該世界的脈絡為每個任務設下要求（總共可能有上萬個任務）。事實上，每個任務都寫成了一個小故事。不過，每天有數千名玩家直接點選跳過這些小故事，連看都沒看。那麼，為什麼暴雪還要這麼費勁？為什麼眾多成功的遊戲開發商會花長時間琢磨遊戲敘事？因為他們知道（無論有意識或沒意識）玩家都會對遊戲世界產生深深的情感連結，讓他們不斷回過頭來玩。

沉浸：情境脈絡表示一切

好的故事能讓遊戲創造出令人想要遁入的世界，就算只是在短暫休息時間或是轉車的時刻。彈道射擊遊戲已經存在幾十年，但要有個偷蛋綠色豬仔與復仇之鳥的情境脈絡，才讓《憤怒鳥》造就價值數十億美元的事業。嚴格來說，遊戲玩法並不「需要」故事，但故事、情境脈絡、合理解釋、傳說、譬喻、設定和氛圍，能拉近遊戲玩法和玩家之間的距離。

我們身為遊戲寫手，應該把精力放在以最佳方式融合故事和遊戲玩法，使得玩家的情緒和行動能夠合一。也讓玩家屠龍救公主得到獎賞之餘，還能感到滿足。這樣就不只是觀看了一場華麗冒險，而是親身經歷過。這種參與感，也就是「沉浸於」遊戲中，是讓遊戲能更勝於電影、電視還有小說之處。《星際大戰》導演 J. J. 亞伯拉罕（J. J Abrams）在宣布與維爾福（Valve）共同發展《傳送門》的電影時提到，他觀察到因為玩家會操控遊戲，而非被動觀看，所以「許多情況中，遊戲比電影更擅於說故事[20]。」

遊戲把玩家帶來遊戲世界裡、讓他們做出能影響敘事結果的選擇，並體驗選擇的後果。玩家因此能當英雄。

故事不等於情節

你會想看前提如下的電影嗎？

> 你是駕駛小型太空船穿梭於危險彗星帶的沒沒無聞飛行員。你有無限制的雷射炸藥和能把你的太空船隨機傳送到別處的按鈕——可能脫離險境，也可能直接跑到彗星來襲的軌道中。對了，還有一連串凶狠的飛碟會出現，想把你轟個稀巴爛。

這情境來自於一九七〇年代在街機遊戲中一舉成名的太空射擊遊戲《爆破彗星》。無論玩家投入多少硬幣到這些飢餓的機台中，還是無法得知乘坐著太空船的人到底是誰、為什麼會進入到彗星軌道中央，或是那些會愈變愈小、移動愈快速而難纏的飛碟是什麼東西。雖然有這麼多沒能解答的問題（電影評論家會稱之為「情節漏洞」），但《爆破彗星》仍然是該類別最有代表性的成功之作。

不過，《爆破彗星》有故事嗎？我們現在要做的是在互動敘事的動態樣貌中界定「故事」。哪些元素形成故事？這些元素會出現在電玩遊戲中嗎？我們能否將《星際大戰》、漫威《復仇者聯盟》（The Avengers）等電影的故事與《極地戰嚎》（Far Cry）、《星海爭霸》、《時空幻境》或甚至《爆破彗星》遊戲相提並論？

故事解說

從語言發展之初，人們以說故事的行為教導、連結、刺激和安撫。或許最早期的故事是一整天下來的狩獵或採集活動。接著人類（畢竟是人類）很快學到，把這些故事稍加潤飾，能掌握聽者的注意力。穴居人珀西很快注意到，比起遇到野熊而存活下來，遇到劍齒虎攻擊而存活的故事比較厲害（或有兩隻劍齒虎更棒！）說故事者會記住最受歡迎的故事，並在有人提出需求時重複講述。他們剛始發明英雄、國王、神祇和怪獸的神話故事，用來理解及鋪陳打雷、風暴或死亡等情境脈絡。

故事是由句子組成，而句子結構的表達方式如下：

主詞＋動詞＋受詞＝句子

而故事本身的結構表達方式：

主人公＋目標＋衝突＋障礙＋［完結］＝故事

（完結放在括弧裡面，因為有時候遊戲故事沒有確切完結，或是有好幾種結局。）

從架構的觀點來看，聖經故事諾亞（Noah）和《生化奇兵》少有差別。確實，諾亞不需要升級變成大老爹，但兩部作品都有共同的目標：離開海洋中央去到陸地上。

主人公

在經典的說故事活動中，主人公是故事的主角；也就是踏上冒險的角色。路克．天行者（Luke Skywalker）是《星際大戰四部曲：曙光乍現》（Star Wars Episode IV: A New Hope）中的主角。故事跟隨他離開沙漠世界塔圖因（Tatooine）並進入到反抗軍同盟（Rebel Alliance）的世界。他父親安納金．天行者（Anakin Skywalker，即達斯．維達〔Darth Vader〕），則是《星際大戰三部曲：西斯大帝的復仇》（Star Wars III: Revenge of the Sith）中的主角。故事跟著他離開塔圖因而前往銀河帝國（Galactic Empire）。

電玩遊戲中，《神鬼冒險》的主人公是潔德（Jade），《質量效應》的主人公是薛帕德指揮官（Commander Shepard），《生化奇兵》的是傑克，《瑪利歐兄弟》的是瑪利歐。主人公就是故事跟隨的對象。主角引起我們的注意，由我們幫助他達成目標。在電玩遊戲和互動敘事作品中，通常就是我們遊玩時扮演的角色。主人公就是玩家，玩家就是主人公。

小說、電影以及特別是電視節目中，常常會有多個主人公。《六人行》（Friends）六人裡面沒有哪一名特定主人公；會視該集目或是整季故事篇的需求，每人都是自己故事發展的主人公。單人遊戲通常只有一名主人公，也就是玩家角色，因為玩遊戲時要記住多個個別人設會很困難或容易混淆。在兩人合作的遊戲，像是《樂高星際大戰》及後續作品，沒有一人是主人公，而整個團隊才是。不過，在故事朝向目標發展時，每名玩家都是自己遊戲體驗中的主角。

目標

所有故事都在談渴求。就算這渴求僅是要存活或是不要被煩擾。如果沒人想要任何東西或是追求任何東西，那麼故事就不有趣。新聞界有句老話是：「狗咬人不稀奇，人咬狗才是新聞！」但要是人咬狗，然後狗又展開復仇呢？這就是故事！我們真的會去看那部電影或是玩那個遊戲。

我們人類受到渴求驅使，包括基礎（食物、水、空氣）和高層次（自尊、尊重、創造表達）。我們會對故事（虛構或真實）中人物努力達成事項產生共鳴，因為我們也有類似的艱辛生活，就算只是小規模的。有些主人公意圖改善生活，也有些人希望在經過一場危機後可以回復平靜生活。不過他們都算是渴求著某物，而且那常常是可以確實得到之物。電影《國家寶藏》（National Treasure）中，每個人都在尋找真實的寶藏。那個就是目標。

主角想要的東西，就是故事的關鍵。傳奇式編劇教父法蘭克．丹尼爾（Frank Daniel）提出，所有電影的情節都是「某人想要得到某物，但難以得到[21]」的一種變化。回到我們說的聖經與《生化奇兵》：諾亞想要地球所有動物物種和他的家人可以度過洪水危機。傑克想要逃離海底烏托邦世界銷魂城。

缺乏明確目標的話，主人公和玩家就會欠缺方向。在《星際大戰四部曲：曙光乍現》中，路克想要拯救公主，並阻止死星（Death Star）。目標絕不會輕易達成，本來就不該輕易達成。容易達成的目標會讓故事很乏味。

刺激的遊戲，像是運動比賽，讓兩名對戰者互相較勁，且只有一人能勝出。對於每個主人公，都會有他的反方對敵（antagonist）。

衝突

衝突是減慢主人公進展的設計、衝突是前往成功路上破壞車軸的孔蓋。沒有衝突就沒有趣味，因此也會沒有故事。一百年前，蘇格蘭評論家威廉．亞契（William Archer）觀察到「人類喜歡對戰，不管是棍棒或是劍、舌戰或是腦力戰[22]。」

還記得那些彗星？那就是衝突。要是被其中一顆擊中，你就會死翹翹。

衝突有時是來自於環境，像是故事中的角色，又或是愧疚或自我懷疑的內心衝突。最純粹而由人帶來的衝突就是來自於反方對敵。對敵有時是故事中的壞人，但也不盡然。比如，在《渾身是勁》（Footloose）電影中，厭惡舞蹈的牧師本身並不是壞人，他是名憂心的父親，也是神職人員。他禁止跳舞是因為他所認定的合理原因。跳舞要嘛合規，要嘛不合規。主角希望前者，牧師想要後者。他們兩方的願望不能同時達成。

有時對敵是自然力量，像是在《天搖地動》（A Perfect Storm）的情境，又或是上帝。《創世紀》（Genesis）中，上帝挑選諾亞來逃離祂將降下以洗淨世間惡人的洪水。

多數情境中，故事的對敵也是惡人、壞傢伙、罪犯、邪惡的人，或是個混蛋。在《生化奇兵》開場時，我們看到故事中的反方對敵安德魯．萊恩（Andrew Ryan）是經典的「邪惡天才」型壞人。玩家角色傑克想要從海底城逃出、回到文明世界。萊恩認為傑克是陸地世界政府派來的間諜，發誓要殺了他、不讓他回到陸地上去。如同前述，只有一人能成功。因為我們扮演的角色是傑克，我們支持他那方。在本書撰文之際，《惡靈進化》（Evolve）以演示模式推出。這款遊戲讓狩獵者對抗外星怪物，也就是主人公和反方對敵，但在遊戲的多人模式中，需要一位玩家扮演怪物。

快速提一下壞人角色：他們自認為自己是故事中的好人。安德魯．萊恩真心想要在海底打造烏托邦天堂，是其他人在攪毀他的計畫。

障礙

就像是遊戲玩家一般，故事主角必須克服挑戰和障礙。但不同於玩家的是，主角這麼做的目的不只是單純為了娛樂。玩家喜歡有障礙，但主角可不。

但，如果故事要引人入勝，主角就必須受到障礙阻撓。精心策畫的計畫會出岔子，普通情境要出狀況。

電視、小說或是電影中的主人公面對障礙可能會是絕望的反應，就像是《法櫃奇兵》（Raiders of the Lost Ark）中印第安納．瓊斯面對蛇的反應：「為什麼非要是蛇不可？」而在電玩遊戲的主角玩家可能會說：「太酷啦！我可以跟蛇戰鬥！」

《瞞天過海》（Ocean's Eleven）由法蘭克．辛納屈（Frank Sinatra）飾演的一九六〇年版本，以及二〇〇一年重攝的版本中，團隊精密籌畫要從多個賭場竊取金錢。這兩部電影情節都是丹尼．歐遜（Danny Ocean）手下執行計畫，並克服會把他們全打入大牢的阻礙和麻煩。二〇〇一年由喬治．克隆尼（George Clooney）、布萊德．彼特（Brad Pitt）等人飾演的版本中，遇到的障礙包括：李文斯頓（Livingston）把攜帶式監測器留在機房，而且他還迷了路；索爾（Saul）出現表演焦慮；拉絲蒂（Rusty）因為丹尼沒告訴他泰絲（Tess）的事情跟他鬧僵；拜許（Basher）想用來讓作戰當日斷電的系統漏洞，卻被工人修好；陳（Chen）在演練時弄傷手；班奈狄（Benedict）的人馬把丹尼鎖在儲藏室；引爆器電池沒電；當然還有從薩拉托加（Saratoga）來的巴基．巴坎南（Bucky Buchanan）。

還能再提一部電影參考範例嗎？寫手像是所謂追討人一樣，常常個性內向、敏感、有同理心和社交手段，但在寫作時，卻要呈現出混亂。我們很喜歡亞歷克斯．考克斯（Alex Cox）主演電影《索命條碼》（Repo Man）所說：「普通人在生活中努力避開險境，追討人卻是努力進入險境。」好的寫手也就是這樣。

這些險境會製造戲劇張力讓觀眾支持主角們成功。往往，觀眾看見會打亂計畫的障礙，於是會為主角們擔心；接著主角們克服障礙時，觀眾感到歡欣。

電玩遊戲中，玩家是克服障礙的人。這些障礙、敵人和謎團組成遊戲設計的內容。

完結（resolution）

好的故事需要有令人滿意的結局。觀眾對主人公探求任務所產生的好奇心和情感投入要有個完結。就算是在線性敘事中，觀眾或讀者也投入自己一部分的時間來跟隨故事，他們會期望有個收尾。

結局不見得要是喜劇收場，但要令人感到滿意。《鐵達尼號》（Titanic）沒有讓蘿絲（Rose）和傑克（Jack）在紐約市打鬧嘻笑，而是安排傑克被凍死。但這也有帶來合理的滿足感，也確實讓故事完結；傑克犧牲自己讓蘿絲活下來。《全面啟動》的則是開放式結尾。那個世界是真是假？你對這感到滿意嗎？

同樣地，所有電玩遊戲也都會有完結，就算是玩家角色死亡，並顯示「遊戲結束」的訊息。

回到我們的簡單公式：

主人公＋目標＋衝突＋障礙＋［完結］＝故事

使用這個結構來看：《爆破彗星》遊戲有故事嗎？當然有：

玩家太空船＋生存＋兇猛飛碟＋彗星＋［注定的死亡］＝《爆破彗星》

情節與故事

討論電玩遊戲和互動敘事時，應該要廣義採用故事的概念。故事不只是情節，也有一些故事沒有情節。電玩遊戲中，故事等同於遊戲世界。有人可能主張《魔獸世界》沒有真正的「情節」，只有玩家不斷向前邁進。不過，《魔獸》之所以這麼成功，就是因為暴雪創造深入而豐富的世界供玩家探索。

《魔獸》玩家角色的故事通常是透過冒險來述說，尤其是職業或種族專屬（例如只限聖騎士或是只限人類）的冒險。但這不表示《魔獸》欠缺真正的故事。「背景故事」（backstory）一詞指的是在故事開始之前角色所遭遇的事件，背景故事往往透過閃現回憶或是前言方式揭露。布魯斯・韋恩（Bruce Wayne）的背景故事告訴大家，他在小時候目睹雙親遭宵小冷血殺害，因此這個情緒創傷讓他長大後創造出他的蝙蝠俠身分。電玩遊戲中，「傳說」（lore）指的是遊戲世界的背景故事。《異塵餘生》、《質量效應》、《最後一戰》、《神鬼寓言》（Fable）等都有豐富的傳說。在這些傳說當中，我們這些玩家透過替身來參與自己個人的故事。在《上古卷軸5：無界天際》（The Elder Scrolls V: Skyrim）裡，你能在七小時內就完成遊戲的主要探求冒險／故事發展內容。（你也可以花幾分鐘就快速跑走看完羅浮宮，但有什麼理由那麼做？）《無界天際》中的世界很豐富，玩家能找尋自己的「故事」來打造冒險，並在這樣的世界裡設立自己的目標。

遊戲中的說故事與其說是情節寫作，反而更偏向於是構築世界的任務。

◎遊戲敘事之超短歷史

雖然（類比）遊戲自從文明之初就存在，但我們這裡主要關注的不是遊戲本身，而是遊戲裡的「故事」（記得我們採用廣泛定義）。

西洋棋

從敘事而言，早期遊戲是西洋棋：兩個王國爭奪主導權，因為有衝突而顯得刺激。西洋棋也有角色：主教、士兵、騎士、皇后和國王。角色耐人尋味。王國中誰是最有權力的人？並不是國王，國王比較像是個表徵。答案是皇后，可以完全自由移動。每一個「角色」都有不同的能力。在數世紀後的中世紀時期興起的撲克牌遊戲，便是受到棋盤的啟發：有國王、皇后、僕人（傑克）還有一些無名小卒。

普魯士戰爭遊戲

十九世紀早期，普魯士（Prussia）的官員開發出一套結合策略、計謀、領地、兵力和其他許多真實世界情境的系統，並用骰子模擬出戰爭的混亂情況。他們把這套稱為「軍象棋」（Kriegsspiel），能用來培訓指揮官，並在不需要負擔軍火、承擔損害甚至損耗軍隊的情況下模擬可能的戰鬥情境。他們能發展出攻擊特定城鎮的新方法，或是防禦特定敵軍的守衛城橋方法。

這系統受到普魯士的國防軍方採用，促使普魯士能在普法戰爭中擊潰法軍[23]。

不過，軍象棋出乎意料之外地讓普魯士人感到樂趣。（沒錯，普魯士人跟樂趣還是可以擺在一起談的。）他們開始在軍營或其他地方玩起這套棋。所以不久後，軍象棋變得商業化，並成為娛樂品公開販售。就連H. G. 威爾斯（《世界大戰》那位）也開發和發行給愛好者版本的軍象棋的規則書，於一九一三年以《微型戰爭》（Little Wars）之名出刊[24]。

工業革命帶來休閒時間

普魯士人在堡壘中擲骰子之際，工業革命在歐洲和北美多處全力展開。意料之外，大量人群（除了男性也有一些婦女和兒童）從田地移動到工廠，讓休閒概念（不用幹活的時間）洗去汙名且降低罪惡感。工作階級的人（如同貴族），手邊出現一些時間可用，而且常常如士紳般把時間用來玩遊戲。桌上遊戲和撲克牌被大量行銷而大受歡迎。

不過，大量行銷的眾多桌遊玩法相當類似，通常都是擲骰子競賽：甩骰子、沿著圖版前進。讓每個產品變得獨特的是故事，也就是遊戲世界。敘事差異讓這些產品有所區別。

在整個二十世紀中，桌遊都相當受歡迎。它們讓全家人一同圍繞在餐桌或是桌几旁。一九六〇和一九七〇年代，電視販售的桌遊有爆炸性的成長，其中包括了《外科手術》（Operation）、《海戰棋》和《貪食河馬》（Hungry, Hungry Hippos），這些至今都還很盛行。

電玩遊戲的序幕

電玩遊戲的誕生之日，一般受公認的時間是在一九六一年，當時由麻省理工（MIT）開發出《太空戰爭》（Spacewar!）。開發時所用的是（對現代人來說）大型的「微電腦」，能玩到的人只有校園裡設有電腦科系的學生，或是經手電腦的電腦操作員，又或是在軍隊中用電腦的人。如果你不在學校、研究室、軍隊或是保險公司，你根本不會曉得這個電玩存在。

然而，傳輸器和電子縮放技術把電腦的尺寸縮小並讓成本降低。到了一九六〇年代時，你可以把（對當時而言）小台的專用電腦放置於（當時）小型的盒子中。這讓拉夫．貝爾（Ralph Baer）發展出可置放在客廳的奧德賽系統（Odyssey System）之前身，以及讓諾蘭．布希內爾（Nolan Bushnell）為酒吧和彈珠機台開發出《乓》。布希內爾接續著讓《乓》機台演進成居家版本，這很快地催生出雅達利 2600（Atari 2600）。美泰爾（Mattel）也不遑多讓，在不久後推出 Intellivision 系統，從此電玩成為眾多家戶中的固定配備。

這些遊戲通常都有故事嗎？不，根本沒多少。有角色嗎？也沒有。唯一的敘事就是前提，只有一張紙那麼薄，僅僅足夠支撐了遊戲玩法。

龍與地下城

同時間，要是你想要有極為豐富的敘事體驗，則會玩《龍與地下城》這類的遊戲，這是直接承繼《軍象棋》所來。不過，相較於移動軍隊或是軍團，你在《龍與地下城》內則是扮演個別的角色，因此和角色產生非常緊密的關係。你扮演這個角色，還用特定的語氣說話，並且和其他也有個別角色語氣的玩家互動。常有人說《龍與地下城》很類似於即興的廣播劇。玩家按照地下城主述說的故事，使用對白或是擲骰子反應。玩《龍與地下城》的目標不是要贏，因為你跟角色的關係不會結束。隨著你的角色（和你）體驗每個新的情境，你的角色會不斷進化、成長和變得技巧精熟。

這個遊戲至今仍受到歡迎，是因為這個遊戲和參與模仿者共同為玩家創造富含想像力的體驗。也就是挺入險境並要決定角色如何反應。《龍與地下城》一戰成名，捕捉了成年人、大學生、青少年的想像力，因為它敘事很豐富，而且遊戲世界（托爾金式［Tolkienesque］的中世紀奇幻世界）在當時很新鮮新穎。

電腦進到家戶中

還記得大學小伙子以及保險公司寂寞的電腦操作員嗎？在一九七〇年代，他們寫出和交易在櫥櫃大小主機系統玩的遊戲。雖然（就當時而言）這些電腦很強大，但只支援文字顯示。不能夠在螢幕上畫出圖形，就連《太空戰爭》這類簡單的向量圖形都無法。如《獵捕獅頭象》這樣的「文本冒險」遊戲變得非常熱門，因為可以在多數的電腦上玩，也因為僅限於文字格式的情況下，優秀的設計引領玩家到（當時）新鮮又刺激的世界，讓他們可以進到地下城並屠龍（聽起來熟悉吧？）

在一九八〇年代初期電腦遊戲興起，像《巨洞冒險》的文本解析遊戲和《龍與地下城》桌上角色扮演遊戲融合成為單一玩家 RPG。這些遊戲早初只有文本冒險加上有限的顯示圖形，但很快就演進為「圖形冒險」遊戲，如《國王密使》（King's Quest）。

迷霧之島：世界即故事，故事即世界

《迷霧之島》是運用多媒體個人電腦技術的圖形冒險遊戲，包括音效卡和（當時）高解析度的彩色顯示器，以及（當時）能儲存在 CD 上面的大量數據，創造出吸引廣大受眾、令人沉浸的世界，把電玩遊戲提升到成人遊玩也不會感到丟臉的地位。

在《迷霧之島》中，故事和世界都很突出。玩家被送到一個稱為「亞楚斯」（Atrus）的奇幻世界，而這玩家本身是個作家，創作了多本魔法書。你會經歷該世界裡的多個「世代」、探索和解決複雜謎團、尋找該島的祕密、以及會涉入的家族風暴。這是第一款讓評論家認為可以媲美藝術品的遊戲。

而對我們來說，故事總是能勝出。故事能構築世界並讓玩家打造出更令人沉浸的體驗。我們認為在新平台上（家中遊戲主機或是簡樸的瀏覽器）各類故事都有更多加強空間。

一切都始於故事。不過，遊戲設計呢？兩者爭奪玩家注意力時，要怎麼處理這兩項？

請繼續看下去。

龍之試煉之二
探索遊戲世界

1 探索電玩遊戲的世界

寫手寫作，遊戲愛好者玩遊戲。我們贊同麥爾坎・葛拉威爾（Malcolm Gladwell）在《異數》（Outliers）一書提出的理論——如果你對某事物投入一萬小時，就能變得非常擅長。所以我們希望你玩一萬小時的電玩遊戲。

真的假的？

嗯，是真的。如果你想把熱情轉換成專業，你就要比其他人更了解這個世界。

那除了電玩遊戲，也包括對電玩遊戲「產業」的了解。在好萊塢中，往往遊戲製作的方式會不斷受到科技、新遊戲設計類別、新賺錢方式（或賺不了錢）所顛覆。任何未來打算從事這個行業的遊戲創造者，必須在合理程度跟進遊戲產業的最新狀態。

好的，這項持續要做的任務就是找個遊戲新聞站並且定期追蹤。在你的遊戲日誌上記下新的點子或是反思。

一天追蹤兩個遊戲網站

這裡提供我們精選的網站。盡可能找主打業界新聞而非消費者為主的遊戲搶鮮報或評論。

Bluesnews.com	這個備受讚譽的網站每日整合了遊戲最新新聞。
Gamasutra.com	「遊戲製作的藝術和事業」，此網站緊密連結遊戲開發者會議，並含有大量的新聞、部落格和技術教學。
GamesIndustry.biz	遊戲產業中最類似於《每日綜藝》(Daily Variety) 或《好萊塢記者報》(The Hollywood Reporter) 的網站。
Gametrailers.com	花些時間來了解新推出的熱門遊戲和即將推出的遊戲。
KillScreenDaily.com	致力於探索遊戲的藝術和文化。
Kotaku.com	關注遊戲世界和遊戲文化新鮮事的每日部落格。
PocketGamer.co.uk	最新手機和手持遊戲的新聞和評論。
Polygon.com	新聞和深入專文的優秀來源網站。
RetroGamer.net	不想拿出塵封已久的舊遊戲機？看看 RetroGamer.net，專談過去遊戲的網站，你會改變心意的。

每週聽兩個播客 (podcast)

有很多播客節目都自稱完整涵蓋遊戲世界。其中大多數都有許多改進的空間，但有三個我們希望你即刻載來聽。

《Major Nelson Radio》（majornelson.com/podcast）是由 Xbox Live 的賴瑞・瑞博（Larry Hryb）與共同主持人一同採訪遊戲開發商和文化影響人物。這個節目很熱門，在許多遊戲大會都帶來滿滿人潮。

《Idle Thumbs》（www.idlethumbs.net）製作團隊包括遊戲開發商、記者和粉絲，由他們分享對於電玩遊戲的經驗和熱忱，涵蓋了主流及獨立的遊戲。

《Isometric》（isometricshow.com）由布理安娜・吳（Brianna Wu）、麥迪・邁爾斯（Maddy Myers）、史蒂夫・盧比茨（Steve Lubitz）、喬治亞・道沃（Georgia Dow）共同主持；節目前提是「從不同角度來討論遊戲」。

置身於 GDC 寶庫

遊戲開發者會議（Game Developers Conference，GDC）是北美地區最大型的專業電玩會議。GDC 寶庫（www.gdcvault.com）內涵豐厚的資訊，其形式包括影片和簡報投影片，由產業領袖談各式電玩遊戲開發主題。（免費提供上百份簡報）。選個主題來開始學習吧。

2 想像你的遊戲世界

在本書剩下的練習活動中，我們會努力幫助你創造出遊戲概念文件來讓你記錄自己的遊戲點子。你在遊戲日誌中做的筆記能成為靈感來源，剩下的就交由你的想像力包辦。

寫下十個你對新電玩遊戲的點子（每個兩句話長），然後把名單收好。

隔天，經過一天沉澱，再從中挑選出三個點子。想要的話可以在描述中增加一到兩句話。再次把這個短名單收好。

第三天，從這三個點子中做選擇。這就是我們所稱「你的遊戲」的點子。恭喜你！再花些時間，多加思考你的遊戲，並在遊戲日誌中記錄新的構想。

---

19 Juul, loc. 1815

20 http://variety.com/2013/digital/news/j-j-abrams-will-develop-half-life-portal-games-into-films-1118065765/

21 Gulino, Paul. Screenwriting: The Sequence Approach. New York: The Continuum International Publishing Group Inc, 2006.

22 Archer, William. Playmaking: A Manual of Craftsmanship. Boston: Small, Maynard and Company, 1912.

23 Murphy, Brian. Sorcerers & Soldiers: Computer Wargames, Fantasies and Adventures (Morris Plains, New Jersey, Creative Computing Press) 1984, p. 7.

24 http://www.bbc.com/news/magazine-22777029

CHAPTER 03

亞里斯多德對上瑪利歐

遊戲寫作的挑戰

在電視節目的寫手編劇室中，有個好點子被提出後，全場的人都知道那是精湛點子，這一刻就稱為「巧克力花生醬」時刻。為什麼要叫巧克力花生醬？有些人主張巧克力和花生醬絕配，加在一起更對味。也就是所謂一加一大於二的加乘效果。巧克力加花生醬等於超讚！

說故事與電玩應該要像是巧克力搭花生醬。兩者搭配在一起要滑順交融。內容和傳達系統應該要完美同步。媒體能帶來優秀的製作價值，充滿磅礡音樂、驚人圖像和動作捕捉演出技術將安迪．瑟克斯（Andy Serkis）化為《魔戒》咕嚕（Gollum）和《猩球崛起》（Rise of the Planet of the Apes）的凱薩（Cesar）。不過這可不是輕鬆事。《死亡之島：激流》（Dead Island : Riptide）的寫手哈理斯．奧金（Haris Orkin）說遊戲「是最難寫作的媒體，一方面因為我們還在摸索要怎麼辦到[25]。」

為什麼呢？有人會說 Xbox 和 PS 現在已經追趕上說故事者。我們來好好面對吧：有些早期遊戲世界的呈現方式沒能使人暫且拋開不相信的感覺，但重點也不都在視覺畫面。《紐約時報》對於一個主題在談特效新世代的電影大作的評論中，如此說道：「驚人的視覺效果現在已相當普遍，但還是有可以再加強的空間……[26]。」

《星際異攻隊》（Guardians of the Galaxy）？《地心引力》（Gravity）？《阿凡達》（Avatar）？這些電影的視覺特效很棒，讓奇幻世界有了超現實的效果。不過，前面那句話是引用自一九六一年，講的是一部名為《地球危機》（Voyage to the Bottom of the Sea）的電影（順便說，這部電影很有趣，去看看吧！）

電玩遊戲與「被動」（非互動式）媒體之間會出現問題的地方就在於故事。為什麼？我們會這麼認為是因為：

> **讓觀眾對敘事有掌控權時，說故事者和觀眾之間自然會出現衝突。**

電玩遊戲和其他媒體都不相同。比起跟電玩遊戲的關係，電影和電視跟戲劇（戲劇是說故事的早初形式）有像是近親般的關係。說到底，誰才是遊戲體驗的作者？是寫手還是玩家？

針對這項衝突，我們把它稱為……

亞里斯多德對上瑪利歐：故事與遊戲玩法間的衝撞

亞里斯多德是希臘哲學家及科學家，他在西元前三百三十五年著述《詩學》，為談論戲劇理論的專論，至今仍為世人閱讀，因為內容放諸今日仍適用。

瑪利歐是來自於蘑菇王國的天才義大利水電工，他大多時間都在尋找碧姬公主（Princess Peach）。他是宮本茂所創的角色。宮本在一九八一年發行的《大金剛》（Donkey Kong）展現這個場景。

對於那些觀看過許多在舞台劇演出的希臘悲劇的人，或是不採用電腦生成效果、在紙上書寫內容的人來說，亞里斯多德說對很多事情。他提出**「情節是由動作所顯露的角色」**。傳統故事結構的原則由亞里斯多德留傳下來，並從劇院演進到小說、電影和電視，還有到電玩遊戲。

我們把亞里斯多德視為故事派，而瑪利歐視為遊戲派。強調這兩者之間的差異時，我們可以看見電玩遊戲創作者每天拋到路上的障礙，並能檢視遊戲設計師、創意總監、和敘事設計師是否成功做對這一點。

亞里斯多德：由作者定義的故事

戲劇敘事的主力是戲劇的作者。（這裡講的是戲劇，但請想想如電影和電視的傳統「被動」媒體）作者創造角色，並安排他們跟隨情節演出。作者講述故事，並引發被動坐著而未參與故事的觀眾產生情緒。這個作者定義的故事創造出觀眾的「悲劇快感，或稱為『宣洩』，即由恐懼加上憐憫的體驗[27]」。

瑪利歐：玩家定義的故事

在電玩遊戲中，主人公和玩家合而為一。玩家控制主人公的行動。確實，作者（遊戲設計和敘事設計師）用探求任務、冒險和目標將玩家在敘事中推動前行，但最終擁有控制權的是玩家。在世界更加開闊，以及非線性式、可自由行動的遊戲性質中，玩家有更多力量能創造和控制自己的體驗，即自己的故事。

亞里斯多德：三幕結構

亞里斯多德倡導結構。他分析多部戲劇，判斷出幾乎所有在美學上成功的作品都具有明確的故事架構。雖然莎士比亞等人長年寫的戲劇多有五幕，但我們可以推導出過去一世紀以來明確的三幕結構（不過，美國電視節目會視中間廣告的數量來決定分為四或五幕。）

第一幕是開端，介紹角色和他們所遇的問題。第二幕是中段（我們喜歡稱之為「混局」，因為此時事情變得複雜。）第三幕是收尾，把一切完結。亞里斯多德將這些故事階段分為「開場」（protasis）、「高潮」（epitasis）、「結局」（catastrophe）（或者稱開端、中段、收尾；也能替換成：設置、對峙、完結。）

在好萊塢，故事結構主張讓觀眾有便於追隨的連串事件。主角有個問題、有目標，以及達成該目標的意圖。目標通常會牽涉到一場探求冒險或是旅程。可以是實體的，像是《魔戒》裡從中土大陸夏爾（Shire）遷移到魔多（Mordor）；也能是情緒上的，像是《美麗境界》（A Beautiful Mind）從心理疾病邁向健康。你所讀過或是聽聞過的每一個講述故事結構的書籍，從拉約什・埃格里（Lajos Egri）《編劇的藝術》（The Art of Dramatic Writing）、悉德・菲爾德（Syd Field）《實用電影編劇技巧》（Screenplay）到布萊克・史奈德《先讓英雄救貓咪》，裡頭都蘊藏著古老祖宗亞里斯多德《詩學》的精髓。

瑪利歐：臨時結構

瑪利歐代表電玩遊戲的架構，我們會在下一章深談。如果遊戲有數十、數百個關卡（或是任務、次冒險和旁線冒險），我們應該要把它們歸納為三幕嗎？第一幕收尾時，主角通常開始踏上冒險旅程，大約是電影前三十分鐘。這對遊戲玩家來說實在太久了，他們想要趕快開始玩。

或許我們應該要把多數遊戲歸納為以下三個「階段」：階段一是新手教學，讓玩家了解玩法的基礎。階段二是遊戲內容的主體，也就是各道關卡。而階段三就是結局，要含括最艱難的挑戰，還有一些酷炫的遊戲完結獎勵。傳統上來說，這是敘事的最後表現時期，但要是玩家能解鎖額外內容或是遊戲設計模式，包括可玩和可觀賞的內容，會讓玩家更滿足。

亞里斯多德：有限的持續時間

故事會有結束的一刻。以有限的時間出現收尾結論。我們知道電影大約是兩小時長。電視節目可能是一小時長。電視劇可能會播出一至五年。《無間警探》（True Detective）迷你劇依循 BBC 的格式，有特定的集目總數。書本有頁碼。電子書現在有實用功能會告訴你當前你讀了書的百分之幾，並根據你讀的速度來估計還需要幾個小時會讀完。就連喬治・馬丁（George R. R. Martin）的《冰與火之歌》（A Song of Ice and Fire）奇幻系列也終有一天會完結（真令人失落）。

瑪利歐：無限的持續時間？

另一方面，電玩遊戲沒有固定的遊玩時間。會視情況而有很大差異！你開始玩遊戲時，很少會知道眼前還有多少關卡等著你。這個還只是線性的遊戲。在非線性遊戲裡，玩家可以選擇自己的路徑，所以多數體驗（包括時間長短）都是由玩家來決定。《上古卷軸：無界天際》的主要製作人克雷格．拉菲迪（Craig Lafferty）表示，他估計「主要冒險花三十個小時左右。而額外的內容我們還沒全部玩過，但推估會有兩到三百小時。這部分我們沒有縮減，而是不斷拓展得變更多、更瘋狂。有愈來愈多內容和副本[28]。」這對我們玩家來說是一件好事。但他自己估計會花上三十到三百小時才能「玩完」《無界天際》。

線上遊戲《決戰時刻》玩家什麼時候會「玩完」這款遊戲呢？等沒有新手加進來被擊敗？或是動視（Activision）公司關閉對戰配對伺服器？

鮑勃陸陸續續玩《魔獸》超過十年了。這就是為什麼他沒有小孩，但有一隻一百級女地精惡魔術士，名叫 Chocoba。（另一方面，基思玩的遊戲比較少，但電影可看得多了。）鮑勃什麼時候會玩完《魔獸》呢？可能要等暴雪關閉伺服器。但就算是關閉了，他還是可以繼續在艾澤拉斯的世界裡玩，因為有《魔獸》桌遊、交換卡牌遊戲、漫畫書、授權小說和未授權的粉絲著作等等。

亞里斯多德：觀眾在聽

被動媒體的觀眾隨時都在聽，像是觀賞表演或是戲劇、讀完書。多數人會待完電影全程。多數人不會省略內容跳到自己喜歡看的地方再開始。雖然並不是每個打開一本書來看的人都會讀完全部，但作者（含製片人、劇作家）創造作品時是預設「多數」觀眾會在「多數」時間都專心地看。可惜，在遊戲就不一樣了……

瑪利歐：等等，什麼？

或許觀眾沒有在聽。雖然我們覺得故事對於整個遊戲體驗來說很重要，但我們知道不是所有玩家的玩法和遊玩的原因都一樣。許多玩家會跳過電影畫面部分而直接進入動作場景。我們認為如果觀眾好好投入故事，他們就不會邊看電影邊傳簡訊，或是跳過遊戲的電影畫面。如果他們參與敘事的結果，所能獲得的不只是遊戲玩法上的獎勵，也會有更豐富的情緒體驗。

電玩寫作的一個挑戰是要改變撰寫的方式。所有寫作都涉及到解決問題。寫手創造角色，讓他們遇到麻煩並擺脫麻煩。電玩遊戲整體來說也是關於問題解決——無論是對創造者或玩家而言都是。所以，我們來看看為這個相對新的媒體寫作時會遇到什麼問題吧。遊戲實際是怎麼寫成的？寫手能做到什麼事？

◎讓龍威武咆哮吧：遊戲工作室的角色

想看看你受雇於一家遊戲工作室。藍天時期已結束，工作室決定遊戲要與「龍」有關。為什麼呢？誰曉得，可能是工作室老闆的小孩想要有龍的遊戲、老闆的老公夢到有關龍的噩夢、行銷人員表示龍的遊戲銷量很棒。現在，重點就是遊戲是以龍為核心，而身為寫手的你要針對關於龍的遊戲寫出最棒的故事，因為你在一年前很睿智地買下這本書！

問題開始浮現：要有幾隻龍？龍會飛嗎？會噴火嗎？住在哪裡？玩家要迎戰這隻龍嗎？玩家騎乘龍嗎？玩家本身就是龍嗎？龍長什麼模樣？龍叫聲是什麼？會咆哮嗎？會說話？聲音是否要像是班奈狄克·康柏拜區（Benedict Cumberbatch）？

這款龍的遊戲要怎麼超越其他款龍的遊戲？

所有創作團隊都很急切想要動工。概念美術師想要和環境美術師合作來設計遊戲世界。關卡設計師想要知道世界裡含括了哪些東西，讓他能開始思考障礙物和獎賞。他們能把關卡設在洞穴、城堡、購物中心嗎？龍是從火山誕生的話如何？

一定要是龍嗎？換成迅猛龍不可以嗎？

在遊戲專案之初，創造者會提出數十種這類聲音。你需要以上全部外加更多的想法來讓龍威武咆哮。

遊戲是怎麼寫成的？是透過撰寫完成的嗎？

戲劇編劇在一九三〇年早期，有聲片發展之初就來到好萊塢。他們適應不良。電影是會動的圖片，是個視覺體驗。好萊塢腳本會議的一句名言是：用展現的，不要光靠說。編劇不知道要怎麼辦到這點。他們來到這個浮華世界，寫出長篇講演內容和美妙的對白。這些很適合戲劇，但不適合電影這種視覺的媒體。同時，這些早期的編劇喜愛上電影，他們好好學習了如何用攝像鏡頭來說故事。他們要「把技術寫入文本裡」。意思就是，認出電影可以辦到的事情，於是開始在編排故事時要能善用此媒體的長處。很快地，優秀的編劇如約翰·休斯頓（John Huston）和普雷斯頓·史特吉（Preston Sturges）成為導演。他們身為寫手知道寫出的言語很重要，而視覺的重要性更是不可或缺。

我們需要懂科技的說故事者，也需要懂說故事的科技人員，不可以偏廢。編寫出《生化奇兵》、《極地戰嚎2》等優異遊戲的蘇珊·奧康納說：

> 對於我這個創意人員來說，最令人氣餒的是這個產業通常會吸引對科技很感興趣的人，因為要有一群程式人員才能製作出遊戲。你不需要很多寫手來製作遊戲或甚至是動畫師。遊戲中創意人員和科技技術員的比例非常失衡。往往，全場主要都是科技方人員的情況，會把環境搞得像是軟體開發公司[29]。

過去遊戲常常由工程師撰寫，不表示未來也應該維持這樣。我們並不是說沒有優秀的創意總監和製作人可以做出很棒的成果。早期遊戲是透過編程出來的，而不是開發而來，所以仰賴的是科技能做到的事情。這讓說故事受到了限縮。我們與玩具公司合作時，努力要將酷炫環境中的故事元素帶入以加深遊戲玩法情境，卻常常聽到有人對我們說：「我們沒有多邊形的預算」。閃存快取（Flash cache，真的他們這麼說）不足以置入我們想要的資產（asset）來讓玩家玩該關卡。科技的欠缺絆倒敘事。這種事情確實會發生。

電影會演進、電視會演進、遊戲也不斷演進中。遊戲現在是美術、遊戲科技、音效設計、說故事和科技的匯集。Kill Screen公司創辦人傑明．沃倫（Jamin Warren）說道：「這是協作、互動的環境，玩家處於環境中心，故事在遊戲玩法中誕生[30]。」而這個複雜的創造流程始於寫手。

故事型遊戲崛起

《秘境探險：黃金城秘寶》遊戲總監艾米．亨格寧（Amy Hennig）說道：「腳本的創意督導比遊戲圖形來得重要[31]。」

遊戲故事愈來愈能得到文化主流的肯定。現在故事型遊戲定期在《紐約時報》上獲得評論。曾經有些人看扁了電影，還有其後的電視。一九四六年，電影製作人和二十世紀福斯影業（20th Century Fox）的負責人 達里爾．扎奈克（Darryl F. Zanuck）說電視「過了六個月就會失去原本掌握的市場。大家很快就會對每晚盯著一個夾板盒看感到乏味[32]。」

扎奈克來自電影產業，他不希望流失客戶到新媒體。自從查里．卓別林（Charlie Chaplin）出道，電影就賺進了大把銀子。據傳卓別林本人在一九一六年說電影「只是跟熱潮差不了多少的東西，也就是罐裝的戲劇。觀眾真正想看的是舞台上有骨有肉的人[33]。」

隨著「玩 PS 的世代」有了自己的孩子，電玩遊戲主機成為美國家庭的一部份，持續了三、四十年。

美國作家協會（Writers Guild of America，WGA）代表其他媒體（影視、電台）的專業寫手，就連此協會也在他們年度作家協會獎項肯定電玩遊戲的寫手。以下是二〇一三年寫作受提名的遊戲：

《刺客教條 5：黑旗》（Assassin's Creed IV: Black Flag）——故事撰寫人達比．麥克德維特（Darby McDevitt）、穆斯塔法．莫哈爾（Mustapha Mahrach）、吉恩．格斯東（Jean Guesdon）；首席腳本

作者達比．麥克德維特；腳本吉爾．默里（Jill Murray）；AI 腳本（Nicholas Grimwood）；腳本新加坡．馬克．拉布雷斯．希爾（Singapore Mark Llabres Hill）；Ubisoft 公司

《蝙蝠俠：阿卡漢始源》（Batman: Arkham Origins）——敘事總監（Dooma Wendschuh）；編劇兼資深敘事設計師（Ryan Galletta）；編劇（Corey May）；華納兄弟互動娛樂（Warner Bros. Interactive）

《戰神：崛起》（God of War: Ascension）——撰寫者瑪麗安．克勞奇克（Marianne Krawczyk）；擴增編寫艾瑞爾．勞倫斯（Ariel Lawrence）；索尼電腦娛樂（Sony Computer Entertainment）

《失落的星球3》（Lost Planet 3）——首席編劇理查德．高伯特（Richard Gaubert）；編劇奧里昂．沃克（Orion Walker）、馬特．索佛斯（Matt Sophos）；卡普空（Capcom）公司

得獎的是：

《最後生還者》——編劇尼爾．達克曼；索尼電腦娛樂

（要注意的一點是，會受此獎項考量的對象，都是跟 WGA 簽署協會協議的公司所製作[34]。這些公司同意為契約遊戲寫手提供健康福利和退休津貼。他們真是有福了。不過，這也解釋為什麼被提名者都是能負擔起簽署協會協議的大型出版商。）

我們相信自己處於互動式說故事的黃金年代，另一個原因是科技演進速度之快。不只是互動式小說移到平板上，或是遊戲到了各種行動裝置上，也還有獨立遊戲場景的擴展。就像是影迷會去影展或是當地的「藝術影院」找以角色為主軸的電影，電視劇迷可能會放棄大型電視網，而選擇付費有線電視或是

「串流」網路來看更精細的說故事作品；電玩創作者在興盛的獨立遊戲場景講述開創性的故事，而不只是怪獸和機械人的題材。部分最優秀的遊戲受到獨立遊戲展（Independent Games Festival，IGF）的肯定，以下是此展二〇一四入圍的最佳敘事獎：

《六號裝備》（Device 6）——超現實懸疑遊戲，以文字為導引和旁白。《六號裝備》顛覆遊戲和文學的慣例，交織故事與地理，並把謎團和小說相結合，將玩家帶入科技和神經科學的奧祕世界。

《多明尼加葡萄柚之「胖女開口唱就完了」》（Dominique Pamplemousse in "It's All Over Once the Fat Lady Sings"）——這是一款互動式定格音樂喜劇遊戲，名義上的主人公是個性別不明的衰尾私家偵探，就快要交不出下一次的房租而要被趕出去餐風露宿了。

《獨特方言》（Paralect）——2D 平台遊戲，運用遊戲玩法、視覺效果和敘事來述說文化重植的個人故事。它探索了文化衝擊與適應帶來的範式轉移，並研究這些轉換如何影響個人怎麼看待他人、環境和自身故鄉，以及最重要的，自己想要稱之為家的地方。

《請出示證件》（Papers, Please）——共產國阿什托茲卡（Arstotzka）剛結束與鄰國科列奇亞（Kolechia）六年來的戰爭，並拿回邊境城鎮格雷斯汀（Grestin）的半部領地權。身為移民檢查員的玩家，負責控制從科列奇亞側經格雷斯汀進入阿什托茲卡的人流。

《約格》（The Yawhg）——玩家共一到四名的自選冒險遊戲，每次遊玩時會隨機產生一個獨特的故事。邪惡約格即將歸來。城鎮的當地居民如何生活，以及待令人聞風喪膽的約格回來之時，他們要怎麼做？

《史丹利的預言》——第一人稱的探險遊戲。你將扮演史丹利，卻也不是扮演他；你會跟隨一個故事，卻又沒有跟隨故事；似有選擇，又無選擇。遊戲既會完結，也沒有完結。故事不斷翻轉，遊戲應有的規則在在被打破。這世界本來就不是要讓人輕易理解的[35]。

我們要怎麼解決這個問題？

在雪城大學紐豪斯學院（S. I Newhouse School）近期一場數位媒體未來研討會中，賴瑞・瑞博（以 Xbox Live 的「尼爾遜總監」〔Major Nelson〕更為人所知）說道遊戲故事是「3D 說故事法」。他說得沒錯。比起其他媒體，電玩敘事最能夠讓觀眾深深參與。然而，影評大師羅傑・伊伯特（Roger Ebert）在部落格上大稱電玩遊戲無法成為藝術。我們對於伊伯特本人和他的成就抱持至高的敬意，但顯然他沒有玩過《時空幻境》、《地獄邊境》（Limbo）、《風之旅人》、《這是我的戰爭》，或是愈來愈多重新界定未來媒體的獨立遊戲。切記，現在是電視的黃金時代，但在二十年前，電視天天被貶低為「大笨管」（the Boob Tube）。哪些事情起了變化？

有線電視創造出新的市場，並瓦解了入門門檻。有愈來愈多管道能讓個別的聲音被聽見。HBO 想要做些不同於傳統網路的事情，於是觀眾開始收看。

在電玩界改變的是，我們正要開始了解如何讓遊戲玩法和故事相互呼應。

我們認為有專業寫手在運籌帷幄時遊戲表現較佳，或至少在要開啟新遊戲時有寫手參與。

遊戲開始採用以故事為優先的做法。肯・萊文是《生化奇兵》製作公司的創意總監。他先前在瓦薩學院（Vassar）修習戲劇。

他既懂戲劇也懂遊戲玩法，和團隊伙伴創造出耐玩的大作。

尼爾・達克曼是《最後生還者》的創意總監兼寫手，他先前在卡內基美隆大學（Carnegie Mellon）主修娛樂科技，匯集了故事和科技。

BioWare 是以《質量效應》等故事型遊戲著稱的公司。德魯・卡賓森

（Drew Karpyshyn）是主修英文的小說家，他是好幾款這類遊戲的寫手。原版《戰神》的遊戲總監大衛・賈菲（David Jaffe）曾就讀南加州大學。他沒有進到影視學校，而是成為遊戲設計師，把自身對說故事的熱忱貫徹到互動式媒體。蘇珊・奧康納修讀英國文學和藝術史。她把自己對故事的知識帶入《生化奇兵》和《極地戰嚎2》的世界。《秘境探險》總監艾米・亨格寧先在加州大學柏克萊分校（UC Berkeley）修讀英國文學，其後到舊金山州立大學（San Francisco State University）修讀影視。

我們這裡要說的是，並非要有戲劇、影視或英文學位才能創作出精彩遊戲，但你應該要學著去愛故事。去細部研究，還有分析其他媒體中的故事。電影和電視在哪些方面突出可以讓遊戲效法？綠美迪娛樂（Remedy Entertainment）創作了《英雄本色》（Max Payne）、《心靈殺手》（Alan Wake）和《量子裂痕》（Quantum Break）等作品。他們對於有意跟他們合作的人提出一點建議。根據近期的工作職缺內容，他們要找的人要「對故事型遊戲和電影有熱忱，並熟悉這些媒體中的戲劇運用」。

綠美迪對《量子裂痕》的描述完美總結出遊戲作為互動敘事的潛力：

> 《量子裂痕》模糊了電視和遊戲玩法之間的界線，將兩者融成獨特而天衣無縫的沉浸式體驗。這個革新的娛樂體驗，將刺激遊戲玩法的電影式動作，搭配腳本電視劇的張力和戲劇感，創造出兩者相互影響的世界[36]。

瑪利歐和亞里斯多德的路線似乎相互碰撞，其實不然。他們現在正攜手踏上同一旅程，當我們繼續檢視遊戲結構、遊戲玩法與關卡設計的同時，希望能見到精彩故事型遊戲展現給我們的是——瑪利歐和亞里斯多德相互需要，為了讓這個互動式媒體更臻於藝術。

傳達你的遊戲點子

我們現在要關注的是電玩遊戲敘事，以及故事與遊戲玩法如何結合在一起來創造令人沉浸的歷險記。

1 觀賞一部「遊戲電影」（game movie）

遊戲有很多，時間卻很有限。一款遊戲可能花費幾分鐘到數十個小時才能完成。我們要你專注於遊戲裡敘述的故事。所以，打開 YouTube 然後看一部「遊戲電影」，即由粉絲剪輯遊戲，並把電影畫面連接在一起形成（通常）通順敘事的體驗。搜尋「遊戲電影」，挑選一到兩部來看，並把你的印象（不論好或壞）記錄到遊戲日誌裡頭。

2 想像「傑克與吉兒：電玩版」

為童謠《傑克與吉兒》（Jack and Jill）創造出電玩遊戲的敘事內容：

> 傑克與吉兒上山取水。
> 傑克跌倒弄壞頭冠，吉兒也滾了一跤。

傑克是誰？吉兒是誰？他們住在哪裡？故事類型是什麼？遊戲類型是什麼？山有多大？是否有龍在守衛？或是軍隊？殭屍？《傑克與吉兒》聽起來是很平凡的故事，但不必是這樣。遊戲玩法和障礙能建立出精彩刺激的敘事。

寫下一個段落描述你的「傑克與吉兒：電玩版」。

3 GameFly 練習

首先，GameFly 是個很棒的遊戲郵遞租借服務。如果你有遊戲主機，不管是手持或是擺在客廳的，都可以利用 GameFly 讓你在決定要買一款遊戲前試玩看看，也可以用來探索你在目錄上錯過的遊戲。

想像你看見你的遊戲正陳列在自己最愛的遊戲商店裡面。這遊戲長什麼樣子？標題是什麼？標語呢？封面上有什麼？使用你從網路上能找到的影像和字形（有很多可以找），為你的遊戲創造一款模擬的電玩遊戲包裝盒。不過不要就此打住。還要寫下你的遊戲可能出現在 GameFly 名單或是盒裝背面上的描述文字。你可以瀏覽 GameFly.com，在「詳情」部分閱讀二至三句遊戲的簡短敘述當做範例。

25 http://kotaku.com/5988751/what-in-the-world-do-video-game-writers-do-the-minds-behind-some-of-last-years-biggest-games-explain
26 http://www.nytimes.com/movie/review?res=9404E3DD123DEE3ABC4851DF-B166838A679EDE
27 The Basic Works of Aristotle. Ed. Richard McKeon Modern Library (2001) - Poetics. Trans. Ingrid Bywater, pp. 1453-1487.
28 http://www.pcgamer.com/skyrims-main-quest-30-hours-long-additional-content-lasts-two-to-three-hundred-more/
29 http://gameological.com/2013/05/susan-oconnor-game-writer/
30 http://motherboard.vice.com/read/how-to-write-a-blockbuster-video-game-all-four-scripts-of-it-video
31 http://multiplayerblog.mtv.com/2007/11/19/naughty-dog-we-need-a-new-word-for-platformer/
32 http://www.digitaltrends.com/features/top-10-bad-tech-predictions/4/
33 http://www.goodreads.com/quotes/259113-movies-are-a-fad-audiences-really-want-to-see-live
34 You can read more at http://www.wgaw.org/videogames/
35 http://www.igf.com/2014winners.html
36 http://remedygames.com/games/quantum-break

CHAPTER 04

不一而足的電玩遊戲分幕結構

找出龍

大約近十年，龍在虛構故事中再次活躍起來。或許起先是《史瑞克》（Shrek）中的驢子愛上一隻龍，總之牠們不再只是噴火的敵人。《權力遊戲》（Game of Thrones）中，龍幫助丹妮莉絲（Daenerys）掌權統治。《阿凡達》中，傑克（Jake）成功騎乘龍型獸托魯克（Toruk），向他所加入的部落證明自我。此外，康柏拜區也飾演了《哈比人》中的史矛革（Smaug）巨龍！

有人問我們：這年代還有誰想要屠龍？

這是一種譬喻，對電玩遊戲家來說變得熟悉的用法，就像是對編劇來說「救貓」是常見的譬喻。「屠龍」一詞根源是神話和童話故事——《龍與地下城》、《魔戒》萬物的共同祖先。

回想編劇大師法蘭克．丹尼爾這樣定義故事：

某人想要得到某物，但難以得到。

這也描述了所有我們遊玩的電玩遊戲的基本結構。我們玩家的目標是什麼？我們的使命是什麼？我們的任務是什麼？就是斬殺那隻龍！

龍對於遊戲的主人公和玩家來說都是主要目的。不是每一款遊戲裡都有龍，這是一種比喻，即推動故事的麥高芬（MacGuffin），也就是我們遊玩的目標。在如《密室》（No Exit）這類密室逃脫遊戲中，龍就是把你困住的密室。

如果有了目標、如果玩家角色非常想要某件事，那就表示有著需要去斬殺（或是去扮演）的龍。

我們來看看幾種不同類的遊戲，並找出藏在裡面的龍。

《防禦陣型：覺醒》（Defense Grid: The Awakening）和《植物大戰殭屍》是守塔遊戲。即使裡頭沒有主要角色（不過我們偏愛《植戰》裡的瘋狂戴夫〔Crazy Dave〕），仍有個能建立出「龍」的故事。可以把龍想成是你的渴求。《防禦陣型：覺醒》中，你想要重新啟動電網來保護植物，以免被外星生物入侵。而在《植物大戰殭屍》裡，你在房屋附近種植物，因為要抵禦一群群的殭屍進入。這就像是瑪莎・斯圖爾特（Martha Stewart）執導《活死人之夜》的翻版。

《到家》（Gone Home）是第一人稱的互動冒險遊戲。被多邊形（Polygon）公司譽為二〇一三年最佳遊戲。你扮演凱特琳（Kaitlin），回到家後在門前發現妹妹寫的紙條，要你別進到大樓裡找答案。當然，那正是你想做的事情。你要找出真相。龍是謎團，也就是想要得到真相的渴望。

《刺客教條》、《天命》（Destiny）、《地獄邊境》、《時空幻境》。這些遊戲都為玩家創造出渴求。同時也點出了問題：玩家會屠龍嗎？解決問題？達成結局？故事有沒有結尾也許不一定，但主要的**渴求**推進了敘事和遊戲的行動。

每款遊戲都需要有「龍」。就連有些所謂不需用腦的孤立體驗也一樣，像是《俄羅斯方塊》和《寶石方塊》這類無止盡的益智遊戲、賽車遊戲、《勁爆美式足球》或《國際足盟大賽》等運動模擬遊戲，還有賭場遊戲。這些遊戲如果能有強力的故事脈絡或世界，內容就能更豐富並吸引玩家。少了能讓玩家跨整個球季自行管理團隊的「球隊模式」，《勁爆美式足球》會少了些味道。你的團隊表現會受到前一場遊戲結果的影響，包括受傷、交易和勢頭，還有球場上新的時代來臨、黑馬隊伍突然出現，而克里夫蘭布朗還是克里夫蘭布朗隊伍。

結構是什麼？

結構把故事和遊戲串聯在一起。我們假設亞里斯多德和瑪利歐這對新結合的好麻吉從 7-11 回來，繼續坐下來玩桌遊續攤。玩什麼遊戲？新款的、以前從來沒玩過的。他們必須了解規則，也要了解結構。身為玩家，他們想要達成什麼？要怎麼做到？遊戲設計師花許多時間思考如何促進玩家在遊戲中前行，還有思考遊戲的故事。這些有好好傳達給我們的亞里和小瑪？

他們打開遊戲圖版時，能看到遊戲的結構。有個開端、中段和結尾。玩家知道自己要從 A 點抵達 B 點，中途有許多障礙。這可能是《蛇梯棋》、《卡坦島》，或是《陰屍路》桌遊。可以看圖版來知道自己要往哪走。桌遊可能是唯一一種把遊戲結構攤開在玩家面前還能令人沉浸的體驗。其他多數媒體，像是電影、電視、漫畫書、互動小說、電玩遊戲，結構從一開始就對參與者藏起來。不過結構總是在創作者的心上。

法蘭克・丹尼爾喜歡在他故事分析班上講以下的軼事（很幸運鮑勃上了這堂課，他在這改述出來）：

> 一名雲遊八方的學生尋遍全世界要找出煉金術的祕密，意即能將普通的鉛變成閃耀黃金。最後，他在一座孤絕的山上找到一名深諳此道的巫術師，而且他願意傳授技法。他把煉成方法展現給學生看，對著賢者之石念誦古老咒語。學生也花好幾天時間在師父面前練習，後來他終於能憑意志把鉛變成金。在他將離開之際，巫術師對他說道：「噢，還有一件事。你在煉金時，絕對不能去想河狸，不然就會無法成功。」學生跋涉回家，感到極為哀傷，因為他知道從今以後在把鉛變成金時，實在沒辦法不去想到河狸。

這裡要講的，是戲劇寫手一旦知道故事結構，每當在看電影、看戲劇、閱讀書本時，都會不自覺地看向其中的結構。這是要了解這項技藝時必須有的犧性。遊戲也是同樣道理。一旦研究遊戲設計，你就會看見設計師在他們遊戲世界裡用來讓人如玩偶般跳舞的絲線。「防劇透」也一樣，這些是給業餘者、普通人和一般大眾的。你不能因為還沒看過就避免去聽故事如何運作（或運作失效）。要期望會被劇透，不要躲避。防劇透是平常人的事。

電玩遊戲的寫手、創意總監及製作人、與電視編劇及經營者都會做一樣的事情——「架設」電影或影集的結構。世界頂尖的遊戲學校也都會教導新手遊戲設計師先在紙上列出遊戲的結構和系統（使用桌遊式的原型），之後才開始讓程式員編寫程式，還有美術師處理美術部分。

傳統娛樂結構為三幕

有非常非常多優良書籍琢磨影視編劇結構。從最基本處來看，共有的概念是電影細分為三幕。

男孩遇見女孩，男孩失去女孩，男孩和女孩復合。

貓爬上樹，我們對貓發射雷射光，貓咪變成碎塊掉下來。（可憐的貓）

或是者像是亞里斯多德年代的希臘人會說：「開場」（protasis）、「高潮」（epitasis）、「結局」（catastrophe），這基本上就等同於第一幕（前提）、第二幕（混局、衝突）和第三幕（綜合結果或完結）。

又或者像是亞里斯多德翻白眼的青少年小孩，他們則會說：天啊！啥鬼？笑死！（OMG!WTF?LOL!）

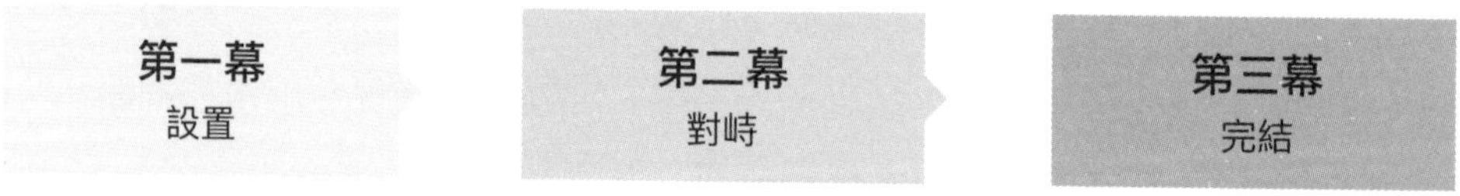

第一幕	第二幕	第三幕
設置	對峙	完結

第一幕——設置

結構中的第一部分是設置故事的人、事、時、地。主人公是誰？他有什麼特殊的地方？我們喜歡他嗎？故事在哪裡發生？朝向這幕結尾的過程中，作者會說明主角的主要問題。第一幕收尾時，我們會知道他的計畫是要把事情擺正。狀況會很順利吧？才不咧。

第二幕——對峙

主角開始執行計畫時，會遇到障礙，又多又煩。（不麻煩的話就沒有戲劇性了。就像是解謎遊戲要有挑戰性，不然就沒有趣味）。喬瑟夫．坎伯（Joseph Campbell）在開創性的分析書作《千面英雄》（The Hero with a Thousand Faces）中，從不同文化精選出神話的故事和傳奇，整合成名為「英雄歷險」的「單一神話」（monomyth）。雖然這不是唯一的故事原型，但非常適用電玩遊戲。一旦主角踏上冒險旅程，就會遇到一連串坎伯所稱的「關卡守門人」（Threshold Guardians），這些人是主要反派角色以外的反方對敵，也就是主角一路上要打敗的對象。（在電玩遊戲中，就是「關卡魔王」。）他們呈現出主角要克服的各種試煉和犧牲。

第二幕是中段，占了戲劇行動（對峙）的多數篇幅。狀況會失序，重心崩毀。第二幕的收尾，往往是故事的最低潮，也就是黎明前的黑暗。那條龍簡直無敵，頑力抵抗被宰殺。似乎一切都毀了。

想想看《星際大戰四部曲：曙光乍現》，裡面最低潮的部分。「一切都毀了」的時刻。是哪時候呢？這該是所有可能情境中最糟糕的。那是主角們在銀河最危險的地方，也就是在所謂死星的毀滅星球戰艦上逃竄的時候嗎？不是。

那是他們被困在毀滅星球戰艦的監牢中？不是。

是他們半身浸入毀滅星球戰艦之牢底下大型廢物壓縮器的骯髒穢物裡？不是。

是他們發現毀滅星球戰艦之牢底下大型廢物壓縮器的骯髒穢物裡頭有著水陸兩棲的觸角怪獸？不是。

是當牆面開始緊縮，要把毀滅星球戰艦之牢底下大型廢物壓縮器裡面的廢物連同主角們一起壓扁的時刻？沒錯！

此外，過幾分鐘後，歐比王（Obi-Wan）死了。真是慘絕。（我們說過會有劇透吧。）

第三幕——完結

在第三幕中，主人公跟對敵面對面，必須要來屠龍。一旦殺死龍後，英雄（和我們）最後能回到平常狀態，或是有了新的常態。

我們可以把線性敘事的三幕結構表示如下：

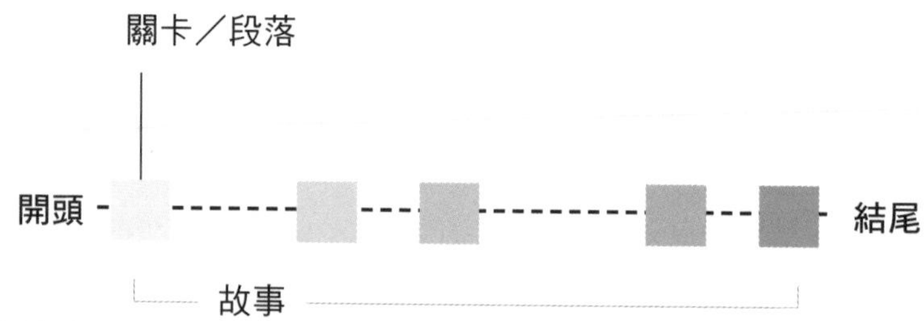

許多故事型遊戲大作依循這套公式。開發者成長過程中有遊戲陪伴，但他們也會看電影。許多人仿效傳統好萊塢三幕結構而取得成功。許多人在為遊戲創造故事時也採用（且適應了）傳統的好萊塢流程。芬蘭綠美迪娛樂公司（作品含《英雄本色》、《心靈殺手》、《量子裂痕》）的創意總監山姆．萊克（Sam Lake）說：「我們採用傳統的影視編劇流程：推薦簡介、概要說明、場景大綱以及劇本[37]。」《戰神》遊戲總監大衛．賈菲也把創作遊戲的過程比擬為編寫影視戲劇：「有很多版本草稿，而且在遊戲設計和關卡設計上有很多往覆的流程。往覆和反饋迴圈極為重要[38]。」

增加中間點，等於四幕

不過呢，多數好萊塢電影都是採用「四幕」而非三幕。編劇常常會提到電影的中間點，也就是第二幕的一半——通常出現轉折或是大翻轉。盟友變成敵人、敵人變成盟友。好的電影分布均勻。第一幕的長度和第三幕相同，而第二幕是另兩幕的雙倍。多年來，黃金原則是兩小時的電影有一百二十頁的腳本（每頁一分鐘——因此專業編劇遵守嚴謹的格式）。均衡的結構細分為第一幕三十頁，第二幕六十頁，第三幕三十頁。

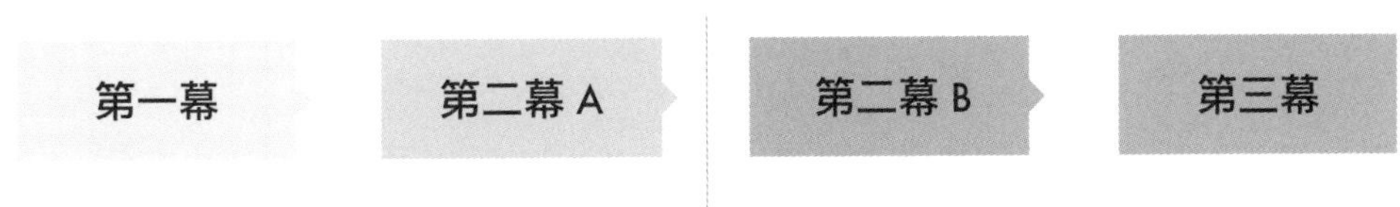

中間點就像是百老匯表演中場時間的簾幕，此時情節或是角色遇到了重大事件（可能兩者都有）。以《生化奇兵》為例，中間點是傑克知道銷魂城的真相，還有自己一直以來受到自認唯一朋友的欺瞞和操控。

現在是否有些電影模仿電玩遊戲結構，由角色、前提和對行動的反應推動遊戲到中間點的揭露？想要知道答案的話，可以直接來看《無敵破壞王》（Wreck It Ralph）的範例。這部電影的場景就設於電玩遊戲世界。在影片中途，主角雷夫（Ralph）察覺到，即使雲妮露（Vanellope）再難過，她也沒辦法在大型比賽出賽。要是她贏，她的故障就會被揭發出來，而且機台經理會拔除她身處的遊戲「甜蜜衝刺」（Sugar Rush）的插頭。戲劇化實情揭露的中間點，是雷夫發現遊戲裡面每個人都有可能會死。當然，他是被糖果王欺騙了，但這個轉折讓我們繼續跟進劇情，並且為雷夫和雲妮露兩人感到難過。

莎士比亞和浩克有五幕

如果還記得你當年讀的莎士比亞，他的戲劇是分成「五幕」。媒體部落客影評浩克（Film Crit Hulk）大力反對三幕結構，並認為我們現在回歸到五幕的說故事方式[39]。（他對《羅密歐與茱麗葉》和《鋼鐵人》的結構比較寫了很不錯的文章，如果你、能、接、受、他、通、篇、大、寫、的、風、格、的、話。）

許多時長一小時的電視節目，不管是政治、宮廷或是醫療劇，又或是像《迷失》、《危機邊緣》（Fringe）這樣的虛構劇，都是分為五幕。

這五幕分別是：

第一幕——開場並奠定既存的衝突

這構想很適合用在電玩敘事，因為玩家沒耐心等著一大堆的說明和衝突的設置。玩家想要直接跳到動作中，無論是《決戰時刻》或是獨立遊戲，因此可以直接開始玩。把你的故事設在衝突區域（像是戰場，或是中學校園），或是主角有麻煩上身的做法很精省。《戰神》中，我們初次見到奎托斯（Kratos）時，他從高崖躍身入海。他痛恨自己，想要尋死。

《馬克白》（Macbeth）故事發生於蘇格蘭政治動盪的時刻。馬克白剛鎮壓了起身反抗國王鄧肯（Duncan）的一場革命。馬克白是位能幹的將軍，效忠鄧肯，但他野心勃勃。（這就是既存衝突，懂吧？）有三名女巫告訴他，命運注定他有天會成王。在得知鄧肯晚上會待在城堡內後，馬克白夫婦決定要順勢推一把。

第二幕——小轉折或翻轉嚴重加劇衝突。

這時我們知道「龍」的面目和玩家需要完成之事。

馬克白趁鄧肯入眠時謀殺他，並嫁禍給守衛，然後在他人目擊下殺了守衛。他有辦法成功脫逃嗎？

第三幕——轉捩點，大轉折，意外發生使得情勢變得更糟。

這類似於前面一大段說的中間點。預設受到推翻，計畫被毀壞而要重新來過。

不過，成王後的馬克白發現自己對於權勢欲罷不能，認定要殺掉威脅到自己的人，首先是自己的好友班柯（Banquo）和他的兒子。他派人去殺他們，但讓兒子給逃掉了。同時，馬克白在晚餐時見到班柯的鬼魂，並在宮廷上起了罪惡和愧疚的反應。他底下許多勛爵對他的神聖性產生質疑，也有些人想要加入鄧肯被流放的兒子馬爾康（Malcolm）。

第四幕——轉向

一切發生得非常迅速，衝突再起，直到結尾。

偏執成性的馬克白，再次向三名女巫問卜。他們用模糊的謎題來預測他的命運，但馬克白只選擇聽自己想聽的：要保住王位勢必面臨一戰，但他最終會勝出。他得知原盟友麥克德夫（Macduff）逃跑並加入反抗勢力，所以馬克白派人殺害他的家人和僕從。一心想復仇而受悲憤所蒙蔽的麥克德夫，聯合馬爾康預備攻打馬克白的城堡。

第五幕——高潮／完結

事件完結的一幕。這部分就是大家都要在座位上待好，直到看完演出名單和下一部電影預告。

馬克白夫人因為罪惡感而開始受幻覺所苦。她的身心狀況迅速下滑，在馬爾康人馬攻擊前就已逝世。馬克白太晚才明白不應該聽信算命師的話，最後被復仇的麥克德夫所殺。馬爾康繼位成王。

更多幕，情節更加速，故事中發生更多事情。在各式媒體中，電玩遊戲的敘事最多。（別忘了一部電影平均兩小時，而很多電玩遊戲動不動就達六十到八十小時。）

段落法，八幕！

段落法是鋪設故事結構的另一個熱門的方法。這把三幕切分成八段，每一段都有一個小的目標，向最後的主要目標推進。

每個段落都有自己的戲劇脈絡，以及自己的開場、中段、結尾。每個段落的結尾都接續著下一段的開始。每個段落都有要完成的小目標，達成後主人公才能往下到下一段。

這聽起來很像是遊戲中的重重關卡吧？舉個簡單例子：比較電影《法櫃奇兵》和《樂高印第安納瓊斯》。有個精彩的開場段落，是印第安納．瓊斯要躲開巨石，接著他要在尼泊爾一家酒吧裡迎戰納粹敵人。再來，他可能落入卡車追逐戰，或是在市場中的爭戰。每個段落都是給他新任務的關卡。這在看電影還有遊戲中都是一樣的。

不過，遊戲裡面不只有八道關卡或是八項任務。任務和探求行動的數量不定，所受的限制基本上就是創作的時間，還有隨時程安排而來的預算問題。就像是電視劇的集目有多少都有可能。然而，對於這遊戲和電視兩者來說，重點是一道關卡順著邏輯引至另一道關卡。因為有關卡 A，於是關卡 B 必定會發生。

第一幕	段落 A **開場**
	段落 B **設置**
第二幕 A	段落 C **新世界**
	段落 D **中間點**
第二幕 B	段落 E **發展**
	段落 F **危機**
第三幕	段落 G **戰鬥**
	段落 H **完結**

連載式說故事

在現在這個電視的新黃金時代（《黑道家族》、《絕命毒師》），有個慣例是連載的說故事方式。結構上呈現「接下來發生什麼事？」，使得一星期的事件以吊人胃口的方式結束，或是終結於驚人的事實揭露，讓觀眾繼續收看下週的集目。綠美迪娛樂的授權品開發部主管奧斯卡里・哈基寧（Oskari Hakkinen）說，長篇電視節目（可能持續一集、一季或一系列），如同電影般影響了工作室應對遊戲敘事的方式。他的團隊正在開發《心靈殺手》時，他說：

大系列作開始隨著 HBO 推出，而其他的，像是《迷失》則有很多人自己購買電視盒，並用自己的速度來觀賞各個集數。有些人大量觀看，有些人一天看一集，有些人隔天看一集或是一星期看一集，但都是以自己的速度……這其中的巧妙之處，是每個集目都有自己的三幕結構，結束於吊胃口的內容，讓人不禁想要往後看看後面發生的事情[40]。

時常大量看劇和玩遊戲的我們，能告訴你好的電視集目或是遊戲任務有種「洋芋片」效果。試試只吃第一片洋芋片：吃完第一片後你就會想要再吃一片，然後又繼續吃下去。然後等你回過神來，整袋都吃光光了。主角有目標，並踏上險象環生的道路去完成該目標。一路上有許多冒險，每個冒險都有自己的開場、中段和結尾。

訴說遊戲（Telltale Games）公司開發第一波分集電玩遊戲極為成功並廣受好評。《陰屍路：遊戲版》（像是 AMC 的《陰屍路》電視節目）是改編自羅伯特．柯克曼（Robert Kirkman）的《陰屍路》漫畫系列而來。訴說遊戲也用同樣手法，改編比爾．威廉漢姆（Bill Willingham）和DC漫畫《成人童話》（Fables），並以「訴說遊戲系列」做包裝宣傳，每一集目都是故事中的一場新遊戲。

因為最新的「新世代」遊戲主機（即 Xbox 360、PS3）採用強韌的網路科技還有大型硬碟，可下載內容（DLC）讓眾多頂級遊戲能存活下來，並有發行後衍生作和採用「SQLite 資料庫系統」的分集冒險。《異塵餘生》、《邊緣禁地》、《俠盜獵車手4》、《闇龍紀元》以及《質量效應》等等，都提供分集目的 DLC，來為故事新增額外章節，或是探索遊戲世界的另一個角落。

開端、中段、（多個）結局

我們討論了電玩遊戲能在其敘事架構採用的有趣結構，但這些架構裡頭所發生的事也很有意思。瑪利歐所代表的互動帶來非常創新的說故事可能性。就如同其他先進科技般，我們要花一段時間才能在文化上跟進並理解其所有效應。

平行敘事

電玩遊戲可能使用平行敘事。要是每名主人公（玩家）都追求同樣目標，那麼他們就在同一道路上，而故事會跟隨他們每一人前進。

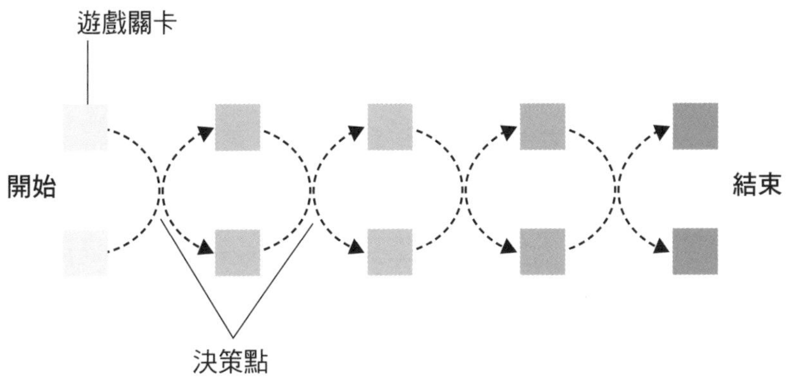

在遊戲《暴雨殺機》中，玩家可以透過不同角色的雙眼（還有身體）來玩同樣的故事事件，次次都將情節朝前推進。《最後生還者》中，在朝向故事第二幕的結尾，即角色喬爾（Joel）失能時，玩家會以他同伴艾莉（Ellie）的身分繼續遊戲。《俠盜獵車手5》讓你在遊戲過程中能自由切換三個不同的角色：麥可（Michael）、崔佛（Trevor）和富蘭克林（Franklin）。以單人玩家遊玩時，你可能會遇到自己的其他替身成為 NPC 的情況，就像是《俠盜 4》主角尼克‧貝里克（Niko Bellic）在該遊戲的第一版 DLC《失落與詛咒》中成為客串角色。

分支敘事

分支敘事是戲劇行動的一條路線，先由同一個問題出發，接著可能會有好幾種完結方式。可以把這想成是開場、中段、數個結局。在文學中最知名的範例可能是一九七〇到一九八〇年代的班坦圖書（Bantam Books）平裝版《多重結局冒險案例》（Choose Your Own Adventure）。拜電子書和觸控螢幕閱讀器所賜，閱讀互動式小說（IF）變得極為便利，使得這個形式再度強勢回歸。

這個媒體先前屬於小眾市場，但隨著越來越多在電玩遊戲陪同下長大的讀者習慣於參與敘事體驗，使得此媒體得以蓄勢推出第一部大作。我們在本書中多多少少會提到互動式小說，但我們相信好的遊戲寫作之基本原則適用於好的互動式小說寫作。

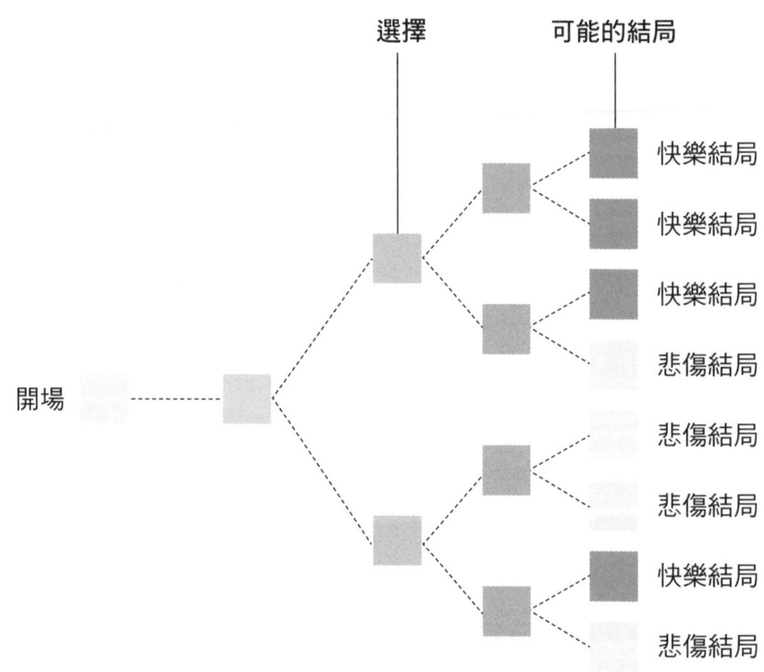

在實際電玩遊戲裡安排多重故事路線時，會遇到製作的難題。內容創造（美術、動畫、聲效、腳本）都要付出金錢，而且難以駁斥以下主張：「要是我們花這麼多錢創造各個遊戲關卡，那麼為什麼要創造出會讓玩家錯過眾多故

事內容的多重路線？」

多種結局也是一個問題。要是你花四十個小時走完一個大型敘事，你會希望自己所見到的是「好結局」。所以如果遊戲有替代式結局，開發人員常常會讓這些結局大略相似，只有一些細節差異，這樣才免得讓不想花四十小時來看替代結局的玩家失望。不過，有些遊戲主打極為不同的結局，這緊扣著玩家在遊戲故事中做出的「道德」選擇。

就算是分支故事的中段，也會讓玩家遇上兩難抉擇，尤其是「特愛完成者」，像鮑勃那樣，總有著強烈意念想要和每一名 NPC 說到話、蒐集所有可蒐集物，並且觀看遊戲中所有的旁線探求行動。舉例來說，在《異塵餘生3》遊戲初期，扮演庇護所住民（Vault Dweller）的你會需要做出一個道德選擇：是否要拯救鄰近的核彈鎮（Megaton）或是將之夷平。核彈爆炸很壯觀，整個炸裂的餘波會傳達到你手持的遊戲控制器震動反應，但這只有選擇要轟炸手無寸鐵小鎮的「壞玩家」可以體驗到。如果兩種路線都想要玩到，你就必須整個重玩一次，或是多存幾個檔案，這樣才能在重要決策點前重新讀取記錄，選擇沒走過的另一條路。

許多新進的遊戲寫手喜歡電玩遊戲具備各種精彩的說故事可能性。但他們不了解的是，我們還在學習分支敘述的規則之中。目前，想要寫互動小說的人，遠遠超過想要去讀這些小說的人。我們還沒有那種能帶來數千名新讀者的互動小說鉅作。我們確實知道好的分支敘事會運用玩家的選擇來形塑出具有意義的體驗。也就是能呼應作品主題，或是能激發情緒反應。回想看看，就算你很喜歡不斷往往覆覆讀《多重結局冒險案例》書本，但這不見得很有意義。這感覺起來就像是一次把倒數日曆驚喜盒的每個盒子都打開來看。你不管規則是什麼，反正就只是想看裡面到底有什麼。

根據我們的經驗，要理解分支敘事的愉快及挑戰處，最佳方法就是在互動小說的世界中探索和創造。對此，有一些優秀的免費工具和愈來愈多優秀的內容可以研究。我們會在後續章節討論其中一些工具，但要在互動小說入門的話，艾蜜莉・秀特（Emily Short）的「互動說故事」網站（https://emshort.

wordpress.com）很不錯。就我們看來，秀特小姐是互動小說的大前輩，她的部落格是全球創作者與粉絲社群的中心。

非線性敘事

優異電影顛覆線性敘事規則，這已是長久以來的傳統，反轉觀眾對於故事直線前進的期望，並展現出重複（《羅生門》）、倒置（《愛從背叛開始》〔Betrayal〕）或重複外加倒置（《記憶拼圖》〔Memento〕）、同步性（《真相四面體》〔Timecode〕）和隨機（《黑色追緝令》〔Pulp Fiction〕）。

遊戲設計上常常會創造出玩家「依直覺走」的故事。所謂「開放世界」或是「沙盒」遊戲設計上讓你覺得你可以依照自己想要的內容、地點和時機來遊玩。

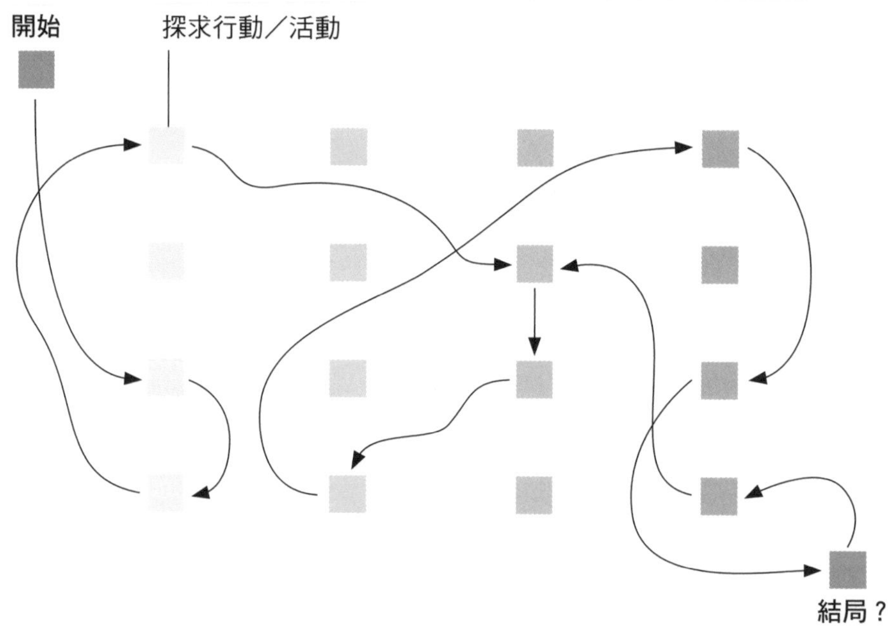

這類遊戲可能整體上並沒有採用傳統的三幕結構，但構成的任務仍有採用。許多角色扮演遊戲（《無界天際》、《闇龍紀元》）有個線性的遊戲主幹，但你不一定要跟隨，甚至也不用完成，一樣也可以遊玩。你能自由探索世界，並找出多個旁線的探求行動和任務來玩。《闇龍紀元：異端審判》有超過一百五十小時的額外內容。這時數超過所有《黑道家族》各集目，也超過共七部的《星際大戰》電影，甚至超過目前所有共享宇宙的漫威電影的加總！

電玩遊戲中採用不同的時間算法

我們聽過把影視編劇比擬為在游泳池中用自由式游泳。遵守大方向的原則，你就可以做自己想做的事情：多數電影正片約為兩小時，而電視劇則大約是一小時半，而「唉唷，他怎麼死的？」這種法醫鑑定節目大約是一小時。編劇的黃金原則，還有腳本遵守一頁的嚴格原則，是因為一頁腳本等同於一分鐘的影視時間。

電影分布均勻。第一幕大約是三十頁或三十分鐘。最後一幕也差不多一樣是三十分鐘。而電影中段則是六十分鐘左右，中間點切在三十分鐘的地方。這些是整體的原則，不是每一部電影長度都一樣，但電影結構通常都會視影片長度來分布結構。

電視節目的前導片基本上就是電視劇的第一幕，而中間最多的各集目是第二幕。要花三十分鐘來設置故事？沒錯。因此，多數電視前導片會（a）介紹角色、（b）提出很多問題，還有（c）布置該節目之後要回答的各個問題。他們能離開這個島嗎？《蓋里甘的島》（Gilligan's Island）或是《迷失》。他什麼時候會穿上緊身衣？《超人前傳》（Smallville）。誰殺了蘿拉．帕爾瑪（Laura Palmer）？《雙峰》（Twin Peaks）。這些通常稱為推動電視節目的「引擎」。連續劇需要有引擎來產生每週的故事，所以警、法、醫劇對電視寫手和執行人員來說很熱門。把故事設在醫院，每當病人進醫院就會有故事出現。電玩遊戲也需要「引擎」。

《最後生還者》的引擎是要讓艾莉去到「火螢」（Fireflies）組織。這推動了故事。結構上而言，電影和電視節目會有均衡的敘事；第一幕和第三幕差不多長。電影第一幕有二十五分鐘的話，大概也會在第三幕用二十五分鐘來達到平衡。電玩遊戲敘事則沒有均衡的情況。譬如，《最後生還者》第一幕只花遊戲時間二十五分鐘，剩下則用好幾個小時來玩完。《異塵餘生3》運用玩家童年待在庇護所的時間來進行新手教學、讓玩家知道遊戲的故事前提，並讓他們了解遊戲的基本機制。我們很快就會在《戰神》中知道奎托斯想要向阿瑞斯（Ares，要屠的龍）復仇。但要經過數小時的遊戲體驗才知道他想報仇的原因。這揭露的故事寫得很不錯，去玩這遊戲吧！

同樣地，有日夜循環的遊戲通常沒有依照十二小時轉換一次白天黑夜。以《捷克與達斯特：舊世界的遺產》（Jak and Daxter: The Precursor Legacy）為例，燈光會隨著一天的早中晚而有變化，但遊戲中一天只有幾分鐘。要完成關卡，就要花上特愛完成者「好幾天」時間完成，不過實際上只經過不到一小時的時間。

屠龍結構

為什麼具備結構很重要？在編寫影視戲劇時，我們都會先從結構開始，好讓身為說故事者的我們知道接下來要朝哪個方向發展，並知道角色的一伙人要往哪發展（是的，即使角色是會說話的魚、可愛的外星人或是破爛機械人，最終要談的也還是人群）。觀眾跟《瓦力》（Wall-E）產生情感連結：孤獨感。要建造情感連結。也要知道遊戲的結局才知道怎麼抵達結局，就算是有多種結局的媒體，你還是要知道該從何處開始。

以下提供屠龍結構的核心原則，我們認為這些原則對優良的互動故事來說很關鍵。我們把它設計成一個金字塔型，稱為金字塔格，因為遊戲先從小範圍著手，然後愈擴展愈大。

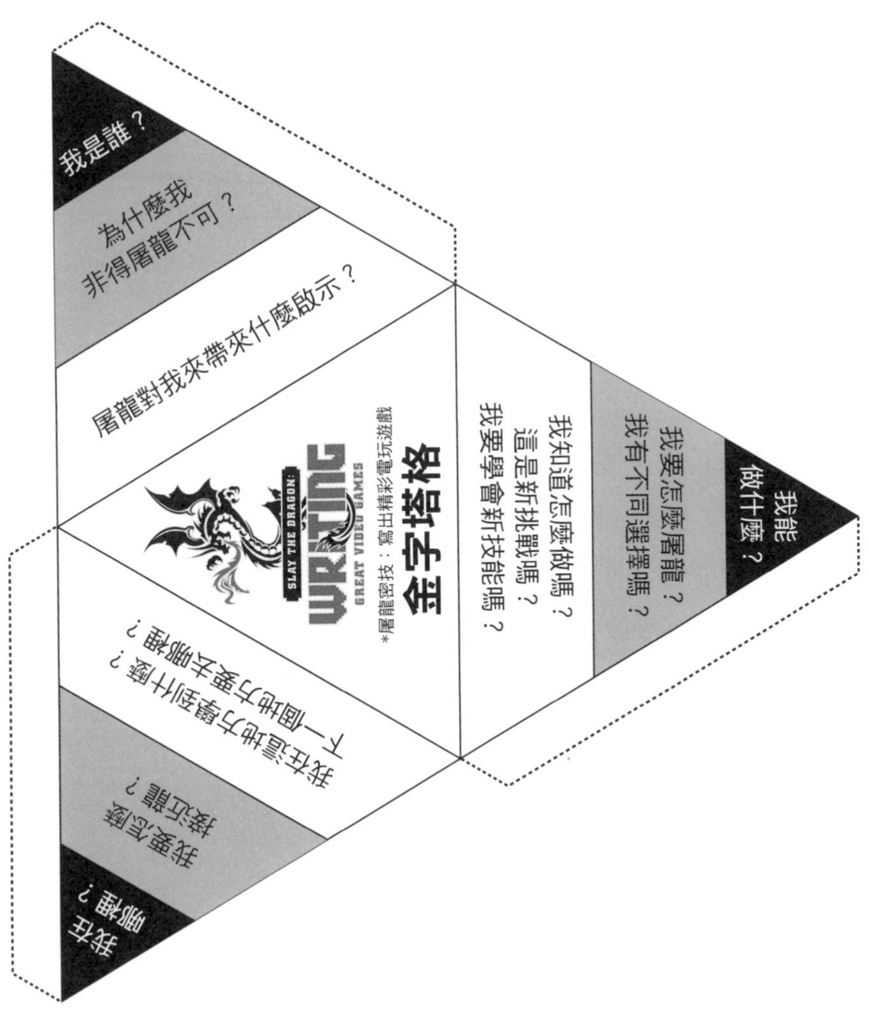

互動式敘事就是 3D 的說故事，所以用三維方式更能把遊戲結構視覺化。（把這一頁影印下來，剪下金字塔格，沿著底部摺起，在黏貼處上些膠水。）依照這三個維度，思考遊戲的整體、整個關卡、整個任務或甚至是非互動的場景。這能讓你確保故事和遊戲玩法能跟著有所發展。你甚至可以用多個金字塔格來打造遊戲中的不同角色或是角色群。

無幕結構？

在二〇一四年的遊戲開發會議中，Riot Game 的湯姆・阿伯納西（Tom Abernathy）和理查・勞斯三世（Richard Rouse III）是微軟遊戲工作室（Microsoft Game Studios）的設計主管。他們發表一場名為「三幕結構已死！遊戲敘事趨向獨特之結構」的專題演說。他們主張「遊戲故事並不是結構」，而論述的結論是角色和使用者體驗更加重要[41]。

我們贊同，卻也不贊同。

他們困於所有作家會面對的一個關鍵困境：**情節**或**角色**，何者較重要？

答案是都重要。

要有情節，角色才有所改變。

需要有情節在，而情節需要有角色在裡頭跑跳。結構是用來建構故事所用，所以角色才有發展空間，才能做一些事情，並在最終層面得以轉變。發展、改善，並且拓展。就算你賜死角色，他們在死的時候也要感覺到自己的生命是有意義的，或是從活著一遭到死亡一刻變得更加洞明世事。所以我們希望角色在身為人的方面能有所提升，也就是有個「成長弧」（arc）的發展。就像是我們玩家希望自己的能力可以加強、挑戰也有進展。

所謂「無幕」結構表示電玩結構沒有特定的結構。沒有固定範式。沒有一體適用的情形。不過還是有結構的。

有眾多成功的故事結構可以挑選來用。

有很多精彩的故事可以學習。可以遊玩許多遊戲看看創作者怎麼訴說故事。遊戲和互動式小說不需要如同好萊塢腳本般依循結構式規則。遊戲的媒體仍在演進當中，並在摸索道路，就像是電視劇從電影演進而來，而電影從舞台劇演進而來。

假使玩家或觀眾不在意主角發生什麼事，那麼遊戲、電影或電視節目結構架設得再好也沒用。

所以現在該來見見主人公了。在電玩遊戲的世界中，主人公就是你。玩家角色（PC）！

龍之試煉之四
談論結構

1 用一句話表達出探求行動

在遊戲日誌中，列出十款你玩過或是你熟悉的遊戲。在每一款的標題旁邊，用一句話寫出該遊戲的主要目標。玩家想要什麼？玩家角色想要什麼？推動敘事的引擎是什麼？為什麼玩家角色難以得到他想要的東西？

切記，你在這練習的目的不是要總結出情節，而是精簡地用一句話說出遊戲的主要探求行動，還有為什麼會遇到困難。

2 解構遊戲故事

玩個遊戲（或是看部遊戲電影）。把重大故事要點寫下來。你能辨識出三幕結構嗎？五幕結構？任何結構？你能否看出「砰隆隆」——讓遊戲轉至新方向的重要時刻？

編劇課學生時常對電影做這個練習。遊戲開發者較少做，他們應該多練習的。

3 重新推動經典遊戲

找個老舊的經典街機遊戲或是故事薄弱的手遊。是否能把它重新改造成故事型的遊戲呢？你能否改變它的類型？舉例來說，你能不能把《小精靈》改編成驚悚生存遊戲？小精靈是誰？藍鬼魂（Inky）、紅鬼魂（Blinky）、粉紅鬼魂（Pinky）、橘鬼魂（Clyde）又變成了誰？

4 為遊戲建造結構

到目前為止，你已經開發你的遊戲故事有一段時間了。現在再用兩個方法來處理故事細節。

用一句話，寫出你的遊戲中故事的主要行動，如同第一個練習一樣。

現在，把該句話擴展為一個段落：確保要使用線性敘事，並有開頭、中段和結尾。

最後，重新改動。挑選同樣場景，使用超連結（無論是 Word、Pages 或是 Google 文件）來創造出有不同路徑和不同結局的分支敘事。可採用本章節討論過的任何結構。舉例來說，你可以寫下角色必須抉擇通過洞窟或是翻越山嶺。每個抉擇會導致不同的情景。

或者你也可以使用 inklewriter（www.inklestudios.com/inklewriter），這是個瀏覽器工具。我們在本書後面會再討論 inklewriter，但因為很簡單，你現在就可以開始使用。

---

37 http://www.reddit.com/comments/1ewxtb/im_sam_lake_the_creatorwriter_of_max_payne_and

38 Crecente, Brian The man behind God of War is working on a new game … and hunting ghosts? http://www.polygon.com/2013/9/20/4728152/the-man-behind-god-of-war-is-work-ing-on-his-new-game-and-hunting

39 http://badassdigest.com/2013/12/11/hulks-screenwriting-101-excerpt-the-myth-of-3-act-structure/

40 Chapple, Craig. "A Quantum Breakthrough: Remedy' s quest for the perfect game narrative" http://www.develop-online.net/interview/a-quantum-breakthrough-remedy-s-quest-for-the-perfect-game-narrative/0187411, December 18, 2013.

41 http://www.gdcvault.com/play/1020050/Death-to-the-Three-Act

CHAPTER 05

寫出精彩的適玩角色

電玩遊戲角色的演進

傳統上電玩遊戲的主人公會由頭腦簡單四肢發達的人擔任，像是《毀滅公爵》（Duke Nukem），這是源自一九八〇年代動作片主角席維斯・史特龍（Sylvester Stallone）、阿諾・史瓦辛格（Arnold Schwarzenegger）、查克・羅禮士（Chuck Norris）等人引領的「先開槍再說」（Shoot First, ask Questions Later）風潮。也有一些特例，像是瑪利歐和小精靈小姐，不過眾多遊戲的預設都是雷根時代白人男性做為動作片主角。

其中部分因素是美國當時的「時代精神」。隨著電玩遊戲在一九八〇年代和一九九〇年代早期出現成為敘事媒體，許多流行文化亟欲擺脫越戰和水門案令人幻滅的感受，而崇拜起男性力量寓言，包括：《第一滴血》（Rambo）各集電影、《北越歸來》（Missing in Action）各集電影、《魔鬼司令》（Commando）、《終極戰士》（Predator）、《終極警探》（Die Hard）。電視則有《邁阿密風雲》（Miami Vice）。漫畫的《黑暗騎士歸來》（The Dark Knight Returns），把蝙蝠俠重塑（或說是揭露身分）為充滿激憤的反社會人士。漫威當時最受歡迎的超級英雄金鋼狼，是個身材矮小、充滿憤恨的加拿大反社會人士。更不用說制裁者（Punisher）。

身為遊戲開發者，不論是直接授權給這些電影或是創造類似角色，例如《魂斗羅》（Contra）中讓玩家感覺像是史特龍的藍波角色；或是如《河畔城市暴亂》（River City Rampage）遊戲中像查克・羅禮士的角色這些大型遊戲英雄角色的同質性都非常高。行動蓋過故事，《毀滅公爵》成為電玩遊戲的史蒂芬·席格（Steven Seagal）。（尚-克勞德·范·達美〔Jean-Claude Van Damme〕在飾演電影版《快打旋風》便成為了電玩版的他自己。）角色並不重要。他有把槍、有個目標、有觀眾。這種巨型體魄、全憑武力的態度，在史特龍《浴血任務》（Expendables）電影系列還有開發商 Free Lives 推出的遊戲《兄貴之力》（Broforce）中以反諷幽默感呈現出來。

許多美式遊戲中，主人公是激憤的獨行俠，或是有超凡能力的特務，玩家可以透過他們來跳躍、攀爬、戰鬥和射擊，然後聽見自己說一句酷酷的台詞，像是「你錯了，死怪胎。我要回到城鎮中，你在死前心裡會想到的是……我十三號的靴子！」（《3D 版毀滅公爵》） 這反映出解決關卡沒什麼了不起，對玩家角色來說只要一天之內就能完成。這些動作漢子的情緒變化很小，介於憤怒和冷冷的厭世之間，這就是青少年男孩最常有的情緒區間。

同一時期的日式遊戲中，主人公就是青少年男孩。他們會捲入不可思議的奇幻情境，很快感到激憤，然後勉為其難地接受世界要他們跨前一步完成使命（例如，長大）。這時期日本遊戲的主人公，像是《最終幻想 7》的克勞德·史特萊夫（Cloud Strife）設計上盡可能引發目標觀眾的共鳴，也就是風暴期的少年（還有少女！）

如果故事是情緒的歷程，這些早期美式遊戲的歷程相當短暫。

白板（tabula rasa），什麼東西？

遊戲開發商有另一個傾向，是讓英雄成為一片「白板」。一個常見的電玩慣例就是失憶主人公：

- 如白板一片，任由玩家映照出自己的情緒，以及
- 未察覺自己在遊戲中的能力（跟玩家一樣）。

我們相信許多玩家不再想要白板型人物。實際親身經歷角色才能在體驗上投入更多情感。編劇和作家受的訓練是在描寫角色時只展露出冰山一角。水面

下有更多我們所看不見的背景故事、特殊癖好和觀點。遊戲是伴隨外在科技的發展而來，完全不需要多了解背景故事。瑪利歐就是修水管的，公爵就是愛搞破壞。

讓我們快速看看瑪利歐的發展。科技這麼不發達的時候，角色能有多深入？看看同樣的遊戲在不同平台上的《波斯王子》（Prince of Persia）。從編寫 16 位元 2D 角色的對白到現在已經有長足進展。喬丹・馬克內（Jordan Mechner）原本是用外部遊戲機制創造波斯王子的角色。沒錯，王子他是有目標在，但他沒有什麼成長弧，有什麼辦法呢？

經過數年，原本以撰寫遊戲程式碼為主的馬克內把焦點轉到故事。圖形變成 3D 後，他也讓波斯王子變更加立體。現代版本的遊戲中（最初版本是二〇〇三年的《波斯王子：時之沙》〔Prince of Persia: The Sands of Time〕），你花好幾小時的時間扮演這名王子，你希望他有深度。希望不只跟進他的動作歷程，也能跟進他的情緒歷程。

頂級人才要求頂級角色

我們所處的世代中，遊戲製作人不僅請來演員配音，也捕捉他們的表現為角色灌注生命。在遊戲《黑色洛城》（L.A. Noire）裡，由亞倫・斯塔頓（Aaron Staton，演過電視劇《廣告狂人》〔Mad Men〕）和約翰・諾伯（John Noble，演過電影《魔戒三部曲：王者再臨》〔The Lord of the Rings: The Return of the King〕、電視劇《危機邊緣》〔Fringe〕和《沉睡谷》〔Sleepy Hollow〕）扮演的角色，不僅是聲音像，情緒表現也宛如他們兩人。大型人才經紀公司如威廉莫里斯奮進娛樂公司（William Morris Endeavor，WME）、創新藝人經紀公司（Creative Artists Agency，CAA）也承接讓演員客戶在遊戲裡演出的案件。創意總監、寫手和遊戲設計師不再製作用控制器在螢幕前移動的玩偶型替身，而是寫活了真正的角色。

這個演進逐漸讓媒體受肯定為一種藝術形式。英國影藝學院（BAFTA）就好比是美國的電影藝術與科學學院（Academy of Motion Picture Arts and

Sciences）。在二〇〇二年，英國影藝學院開始主辦遊戲獎項，將得獎者分為最佳遊戲、最佳設計和最佳遊戲創意等類別。二〇〇五年，他們新增最佳編劇獎，但不久後更名為最佳故事。二〇一一年，他們增加了最佳數位表演者的類別。

以下列出幾名參與過遊戲的頂級演員範例：

西恩・賓（Sean Bean）
克莉絲汀・貝爾（Kristen Bell）
史蒂芬・佛萊（Stephen Fry）
瑞奇賈維斯（Ricky Gervais）
傑夫・高布倫（Jeff Goldblum）
約翰・古德曼（John Goodman）
海瑟・葛拉罕（Heather Graham）
尼爾・派翠克・哈里斯（Neil Patrick Harris）
琳達・杭特（Linda Hunt）
山繆・傑克森（Samuel L. Jackson）
班・金斯利（Ben Kingsley）
雷・利奧塔（Ray Liotta）
麥坎・邁道爾（Malcolm McDowell）
連恩・尼遜（Liam Neeson）
艾倫・佩姬（Ellen Page）
海蒂・潘妮迪亞（Hayden Panettiere）
朗・帕爾曼（Ron Perlman）
安迪・瑟克斯（Andy Serkis）
馬丁・辛（Martin Sheen）
凱文・史貝西（Kevin Spacey）
派崔克・史都華（Patrick Stewart）
伊凡・史漢基（Yvonne Strahovski）
基佛・蘇德蘭（Kiefer Sutherland）
伊利亞・伍德（Elijah Wood）

這只是部分名單。其中有奧斯卡被提名者及得主，東尼獎（Tony Award）得主、熱門電視劇和電影的明星，而大受影評和觀眾青睞。究竟是什麼原因能吸引到這麼優秀的人才？不是金錢，也不是他們可以在電影中大肆毀壞一番。

是「角色」。一切的開始都來自於角色。

真的是如此嗎？

反成長弧方式撰寫

故事中哪一個比較重要？是情節還是角色？情節嗎？當然這合乎道理，沒人想要看或是玩無趣的內容，也沒有人喜歡「沒有進展」的故事。想想看，「世界、動作、冒險的保證」，這是電影海報、還有在 E3 展覽上巨型螢幕播放的預告片的主打，也是印刷在遊戲包裝盒子上的訴求。那角色呢？找出任何像布萊德·彼特（Brad Pitt）、瑞絲·薇斯朋（Reese Witherspoon）、丹佐·華盛頓（Denzel Washington）一樣受敬重的演員，他們會告訴你讓他們感興趣的不只是出演好的故事，他們也想經歷生活充滿挑戰和具有衝突性的角色。

好的故事會讓主角經歷情緒上的轉化，又稱為角色成長弧（character arc）。故事是情緒的歷程，遊戲是動作的歷程。我們要怎麼結合兩者來創造情感轉移，讓玩家不只是玩遊戲，也經歷到角色的情緒？請繼續看下一章！不過，首先我們要從細部看造就優秀角色的因素，不管是在遊戲、電影或任何故事中的角色。

多數故事中，情節是個載體，推動主人公改變。你會希望故事的發展路線（行動）能影響角色的發展路線（情緒）。吸引人的遊戲、電影或電視劇的故事發展會暴露出角色的缺點，讓他們面對自己的恐懼，並形成弧型的成長。要是你的故事沒有迫使角色轉變，那麼要不是故事有問題，就是角色有問題。故事的「行動」影響著故事的「情緒」。

要知曉你的結局！

好的戲劇書寫是倒著完成的。想要發展出強烈的情緒衝擊，不管任何故事、使用任何平台，寫手必須知道結局是什麼才行！你要知道自己要前往何處，才有辦法抵達。而要讓故事可行、讓玩家和觀眾深深參與，寫手就要知道主角該如何轉變。

寫手呀，寫手，要知曉你的結局！不知道自己將前往何去，要怎麼知道從何開始呢？故事之初的主人公是誰？他在故事結尾又是變成怎樣？

在電影《鐵達尼號》中，由凱特·溫斯蕾（Kate Winslet）扮演的蘿絲從一個豐衣足食的有錢千金變成冒險心旺盛的年輕女性，把生命活得淋漓盡致。在《阿凡達》中，山姆·沃辛頓（Sam Worthington）飾演的傑克·蘇里（Jake Sully）是一名心力交瘁的前海軍人員，到了故事結尾，他變成滿腔熱血的革命領袖。在原版的《魔鬼終結者》（Terminator）中，由琳達·漢密爾頓(（Linda Hamilton）飾演的莎拉·康納（Sarah Connor）從一個天真的服務生變成守衛人類的無私者。在《魔鬼終結者2》（Terminator 2: Judgment Day）中，魔鬼終結者從機械人變成有父愛的機械人，他開始喜歡上人類，並為他們犧牲自己。好，這些都是詹姆斯·卡麥隆（James Cameron）執導片的角色（一路下來還真是順）。我們再來看看其他的。我們想到的有史瑞克、尼莫（Nemo）的爸爸馬林（Marlin）、《靈犬貝兒》中的狗狗貝兒（Belle）及男孩薩巴斯坦（Sebastian）、《小美人魚》中的艾瑞爾（Ariel）、路克·天行者、韓·索羅（Han Solo）還有《教父》（Godfather）中的麥可·柯里昂（Michael Corleone）。

「所有角色都要改變」的規則，就跟一切規則一樣，會有例外。這令人想到印第安納·瓊斯和詹姆士·龐德（James Bond）。他們沒有多少情緒歷程，頂多就是「我是獨行俠，現在有了女友／跟班，到了下一部他們又會消失不見。」在《瞞天過海》中，由喬治·克隆尼飾演的丹尼·歐遜和布萊德·彼特飾演的拉絲蒂·萊恩，在各集中都沒有表現出多少成長弧。老實說，我們也不希望他們改變。（不過他們確實是有了妻子和女友。）

如果你想要寫一部精彩的電玩遊戲，那就創造一個踏上改變旅程的角色吧。行動歷程應該要影響著情緒歷程。那麼，電玩遊戲要怎麼對玩家角色帶來改變呢？

奎托斯和麥可·柯里昂有什麼共同處？

你希望角色不是只在力量上有所增長。（幾乎所有玩家角色設計上都會這樣。玩家希望能力變強，然後透過更嚴峻的挑戰來考驗這些能力。）你也希望角色在情感方面能有轉變。在美國流行文化之中，一個著名的代表性人物便是《教父》中的麥可・柯里昂（由艾爾・帕西諾〔Al Pacino〕飾演）。觀眾初見到柯里昂時，他正要參加妹妹的婚禮，他告訴女友凱特（Kate，由黛安・基頓〔Diane Keaton〕飾演）他跟罪犯家族是完全不同的。在原版《戰神》中，奎托斯也是個英雄。他是一名戰士，負責服務眾神。古希臘世界和二戰後紐約黑手黨有什麼相同處？這兩個人都是反英雄角色。他們沒有走上典型英雄的歷程，而是遇到衝突。兩人最後都陷入自己厭惡的境地。

麥可並不想要成為教父。他的願望（也是他爸的願望）是能帶家族遠離犯罪，並在美國合法行事。奎托斯想要自殺，他想要從一生爭鬥和中計做出悔恨之事的萬分罪惡感中解脫出來（劇透：他殺了自己的家人。）

這兩人都成為自己所鄙視的樣子。兩人倒轉命運而生。寫手寫給這兩個角色的結局，使他們都有成長弧。麥可不想繼承爸爸的位子，卻還是承接了。奎托斯想要殺了阿瑞斯，結果卻是自己取而代之成為戰神。如果故事中，黑手黨的兒子想要跟隨父親的腳步自己當老大，這沒有什麼故事成分，因為跟期望沒什麼差別。好的故事要挑戰我們的期望，所以麥可的哥哥索尼（由詹姆士・肯恩〔James Caan〕飾演）不是電影的關注焦點。你會希望主人公在故事中要有最大跨度的情緒變化。主角的成長弧要很長。

我們認為遊戲最好有強大能量的主人公，還有仔細塑造的角色成長弧。我們想要用這個簡短有力的句子來總結成長弧的意涵。你可以把它稱做是公式、或偷吃步作法，它叫做角色的 5C。

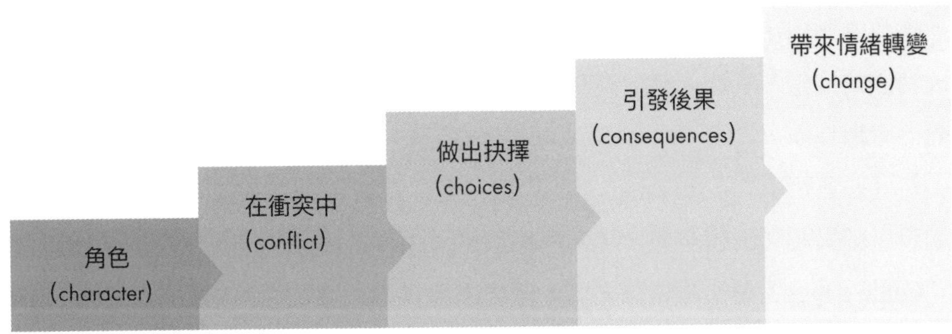

你在打造角色或是選擇主要角色時，用這五個 C 來讓他變得有血有肉。我們不想扮演一個無名的小咖角色，我們要知道他到底是誰、有什麼希望和夢想、遇過什麼最嚴重的童年創傷？

現在，我們就開始檢視角色：我在玩這遊戲時我是誰？我為什麼這裡？我想要什麼？我需要什麼？這是金字塔格的其中一側。

角色

你希望創造在故事中有最寬廣情緒變化的角色。電影懸疑大師亞佛烈德．希區考克（Alfred Hitchcock）對於創造驚悚懸疑劇有一套公式。他總能製作出平凡角色遇到不凡境遇的電影。你應該對比角色與遊戲發生的世界，並讓他遇到最艱困的時刻。記住，《索命條碼》說過，你的職責是讓角色進入險境，而且是重重險境。

《絕命異次元》（Dead Space）是最佳銷售款遊戲，開始了授權品系列。它深受電影《異形》（Alien）影響。故事圍繞著主角艾薩克．克拉克（Isaac Clarke），他是「系統工程師」（維修人員），必須使用自己的技能製造武器，並在船上抵禦恐怖太空殭屍的襲擊。艾薩克不是戰士也不是軍事天才，他是一個得靠著智慧存活下來的一般人。他就像是一下子就領便當死掉的角色，不過他活了下來。

《刺客教條》主角戴斯蒙．邁爾斯是個酒保，被跨國大集團阿布斯泰戈工業公司（Abstergo Industries）強迫使用阿尼姆斯（Animus）心靈時光機器，回到他祖先基因中的回憶。確實有趣，但想想，要是戴斯蒙是個間諜、打手或其他嗜血的罪犯，那麼要回到過去記憶，就根本不算什麼。這樣的情境就無法達成我們的期望。不過，酒保要學習擔任刺客？這簡直兩碼子的事扯在一起，就變得有趣許多。

《惡名昭彰》（Infamous）的柯爾．麥格雷斯（Cole MacGrath）是單車快遞員，結果發展出超能力。《惡黑搖滾》（Brütal Legend）裡，艾迪．瑞格斯（Eddie Riggs）是樂隊隨團人員，他要去地獄走一遭。《生化奇兵》中，你扮演的傑克是個遇到很多事的平凡人。安德魯·萊恩認定你是別人派來殺他的，所以要對你先下手為強。《心靈殺手》的艾倫·韋克是個困頓的小說家，他進入與小說同名的遊戲中。在訴說遊戲公司的《陰屍路》中，李·埃弗雷特（Lee Everett）是一名普通的大學教授，他可不是專治殭屍的教授，不然那樣就太輕鬆了。他原本的職業到了布滿殭屍的新世界裡毫無用處。為什麼呢？因為那樣才有戲劇性呀！

平凡遇上不凡

《魔戒》不只該被當做《龍與地下城》的前身，它也是凡人遇到不凡處境的早先作品。在充滿著半獸人、侏儒、精靈、巫師、會說話的樹、還有灰狗巴士大小的老鷹的世界，領路者卻是謙卑且愛家的哈比人，也就是最貼近我們的角色。

這就是玩家想尋求的，也是任何媒體中說故事者想要點出的同理心。好萊塢類型的人會把這稱為「共鳴感」。

「要是這發生到我身上會怎樣？」電影觀眾會這麼想。「這真的發生到我身上了！」遊戲玩家這麼想。

我們會對像我們一樣不完美的角色產生共鳴。一個人的處境愈糟糕，我們愈能體認他身為人的一面，而且愈容易引起共鳴。要是你希望角色能更「逼真」，就讓他們慘兮兮，給他們恐懼和偏見，讓他們有缺陷。

超人還是蝙蝠俠，哪個比較厲害？

超人還是蝙蝠俠，哪個比較厲害？來吧，花點時間想想。不是在選誰的力量比較強，而是誰比較吸引人、比較有內涵。誰在做每個決策時，都受到明確的情緒帶動？

答案當然是蝙蝠俠。

為什麼呢？這個嘛，他是人類，讓我們起共鳴；超人是有天賦的外星人，是所謂「超越人類」（Übermensch）的生物，高俗人一等。超人無法成為精彩角色的另一個原因是：他沒有缺陷，死板得像塊木頭。他就是個從外太空來的童子軍。（相較之下，蝙蝠俠是來自高譚市激憤又偏執的人。）

超人不會受傷，他總是做出對的事。養父母肯特（Kent）夫婦給他很棒的教養，而且在每個版本的超人童年中，養父母都對他說他來到地球有著使命。超人首次出現在漫畫中時並沒有氪星石，這是後來發現他沒有弱點，所以才在廣播劇中添加的。沒有弱點、不會死、不會失敗，因此缺乏戲劇性。氪星石出現前的超人不會落入險境。你（還有他自己）總知道他會勝利。

蝙蝠俠是人，終有一死的凡人。蝙蝠俠會受傷，我們對這點有共鳴。雖然他有很多酷炫的裝置，身材又比一般人好太多了，但看他挨揍時，我們也會不忍心。超人就不一樣了（他有痛覺嗎？）

蝙蝠俠也有情緒困擾，而且他會表現出來。他目睹雙親遭謀害，受年邁的英國人養大，也就是獨居在哥德式大宅的阿福（Alfred）。他承受的創傷會讓人扭曲。超人的父母也遭殺害，但他沒有親眼看見。他在肯薩斯（Kansas）受溫馨的雙親家庭撫養長大，肯特夫婦一直等到克拉克長大後才讓他知道他是領養來的。

超人是典型的好公民、學生會長、風雲人物。他是學校的其他家長會拿來跟自家小孩比較的對象。

蝙蝠俠就不一樣了。從某方面看來他有反社會人格。他還沒處理好童年的創傷。我們希望他最好能持續下去。

此外，很重要的一點是：超人本身被動，蝙蝠俠本身主動。超人不是自己選擇要來地球的，他是被父親送來。他也不是自己要被肯特夫婦收養，而是被他們遇到，並用中西部的美式價值觀撫養他成人。超人之所以是超人，很少是出自於自己的選擇。（就連他的服裝也是肯特媽幫他設計的！）

然而，蝙蝠俠自創自己的扮相。他選擇要奉獻自己來打擊犯罪，選擇要參與一整年嚴峻的體能訓練，還有令人昏頭的科學研究。他每晚都讓自己身歷險境巡守著高譚街道，掃蕩城市的罪犯。（確實，他從被謀害的父母親那裡繼承了一大筆財產，但在超過七十年來的蝙蝠俠傳奇中，布魯斯·韋恩從來沒有表示這筆財產值得他所付出的代價。）

編寫良好的角色都有瑕疵。也就是說，好的角色會像我們一樣。想想看，《歡樂單身派對》（Seinfeld）、《夢魘殺魔》（Dexter）、《迷失》、《控制》（Gone Girl）、《絕命毒師》、《女孩我最大》（Girls）、《透明家庭》（Transparent）、《鋼鐵人》（Iron Man）、《蜘蛛人》（Spider-Man）、《大國民》這些作品的主角都有重大缺陷。

我們再進一步來看：哈姆雷特、奧賽羅、李爾王、馬克白、羅密歐、茱麗葉。文學和戲劇中令人印象深刻的角色。貼在牆上的那些人。烙印在我們共同記憶的人。這些人在大大小小方面，可說腦袋都不是很正常。

看著不完美的人拚命掙扎，比看完美的人完美執行來得精彩。

我們對於錯誤、誤解、誤會、虛榮（或其他七宗罪）會產生同感。我們對於搞砸事情的人有同感。（在 YouTube 上面搜尋「失敗」，能看個好幾天也看不完。）比起贏家，我們更能對輸家產生共鳴。

因為人類並非全能，我們都會有不安全感、心懷恐懼、也都不完美。我們喜歡看著有同樣不安全感的人奮力克服障礙。這給我們自己悲慘的人生希望。

缺陷最初是從哪來的？

衝突：戲劇的精華

要打造一個有缺陷的角色，最好的起始點就是「內在衝突」。內在衝突來自於在「想要」和「需要」之間拉鋸的兩難結果。角色想要和實際需要的內容得要相互牴觸。角色之後會在故事後續再處理外在衝突，那是遊戲中行動歷程的部分。外在衝突就是一切在他道路上阻撓他前往目標的內容。像是一群桀斯族（Geth，人工智慧種族）、綠色豬、慢慢龜（Koopa Troopa）、大型蜘蛛、倒塌的橋、難解的謎團，這些都是外在的，很容易製造。棘手的是要為主角創造內在衝突。這點讓人變得有深度。

路克・天行者「想要」成為太空飛行員，他「需要」停止說「我絕不」還有「我做不到」。

《生化奇兵》中的傑克「想要」逃離銷魂城，他「需要」學習如何自己做選擇，這完美配合了故事中不斷播放的「能否請你」（Would You Kindly）洗腦字詞。

《最後生還者》中的傑克「想要」不受侵擾，他「需要」再次擔任父親。所以給他一個他死去女兒的替代物。

《異塵餘生3》主角庇護所的住民「想要」找到自己的父親，但「需要」想辦法學會在第101號庇護所外頭靠自己生存。這是末日後景象的成長篇。

背景故事：《海底總動員》跟《最後生還者》的相似處

內在衝突也會來自於角色的背景故事。角色可能受到過去困擾著。在電影、文學和劇院中運用這類型塑角色的事件製造戲劇效果的手法已經不計其數。背景故事就是不斷侵擾主人公的「鬼魂」，這解釋了為什麼他會陷入慘境。在蝙蝠俠的故事中，鬼魂就是不斷閃現的舊場景——布魯斯・韋恩雙親遇害。《哈姆雷特》中，鬼魂是真正的鬼魂，也就是哈姆雷特父親死後的亡魂。

要揭露這個「鬼魂」的身分，沒有正確或是唯一的做法。鬼魂可能在故事早期出現（像是《哈姆雷特》）、第二幕的回顧（你所看過的其他每一部電影）或是只有稍微暗指但沒有說破（像《唐人街》〔Chinatown〕）。希區考克的《迷魂記》（Vertigo）開場時，由吉米・史都華（Jimmy Stewart）飾演的史考提（Scottie）沒能拯救一名警察而眼見他摔死。《大白鯊》（Jaws）中，第二幕快結束前，我們得知羅伯特・肖（Robert Shaw）飾演的昆特（Quint）極度害怕鯊魚，因為他過去在海軍有很不好的經驗。

說到有關海的事情，《海底總動員》裡我們看到尼莫爸爸馬林（由艾伯特・布魯克斯〔Albert Brooks〕配音）受梭子魚攻擊，因此失去妻子珊瑚（Coral）還有數百顆魚卵。在這個悲傷的開場最後，馬林找到唯一一顆存活的卵，也就是後來孵化出尼莫的卵。馬林向尚未出生的他保證絕不會讓他遭遇任何壞事。

故事型的電玩遊戲常常會運用「鬼魂」做為背景故事。我們前面已經提過《戰神》，在遊戲中途，我們得知奎托斯謀殺了自己的家人。在《最後生還者》中，遊戲開場時結合了敘事和剪輯場景，不外乎就是所謂的「前傳」。我們一開始看見喬爾是個慈愛的父親，直到後來因為蟲草菌變形株導致世界陷入瘋狂，甚至她的女兒莎拉（Sarah）在他面前遭到殺害。（有看出規律了嗎？許多是目睹謀殺案，這是極度造成創傷的事情。）接著故事切換到數年後，當時厄運之日的鬼魂不斷影響著玩家角色喬爾所做出的決策和敘事選項。遊戲的故事結尾在起初的這幾個時刻就已經設置好了。

《生化奇兵》的傑克、《獵魔士》（The Witcher）的傑洛特（Geralt）還有《到家》的薩曼莎．格林布賴爾（Samantha Greenbriar）等角色的背景故事都影響到遊戲的敘事。在《生化奇兵》一開始的飛機上，傑克（你）看著家人的照片，這些回顧會貫穿遊戲。隨著故事展開，你會發現震驚的背景故事：你是想殺你的安德魯．萊恩的私生子。

《生化奇兵：無限之城》中布克．迪威特（Booker DeWitt）是情感上負傷、飽受屈辱的警探。他的背景故事有發揮影響嗎？那還用說。在《碧血狂殺》中，你扮演約翰．馬斯頓，因為流亡而受雇執行展開主要故事的任務。然後，為了拯救家人，約翰必須殺掉自己過去參與幫派中的人。

當然，還是會有一些特例，每種媒體都有，並沒有一定的套路。（在好的遊戲設計中，最好讓玩家有兩種以上可以解決問題的方法。）不是所有角色都會改變。有時候是他們身旁的境遇改變，但角色在系列當中有清楚的界定，而且始終維持不變。在《秘境探險》遊戲，奈森．德瑞克就沒有多少變化。他沒有內心深處受傷的靈魂。（印第安納．瓊斯也沒有）。這兩個故事似乎也都沒有問題待解決。在多數警探劇中，主角在一集內通常不會有很大的情緒歷程。不過在一整季、或整部電視劇系列下來，他們通常還是自然會有一些進步。（請見《紐約重案組》〔NTPD BLUE〕丹尼斯．弗蘭茨〔Dennis Franz〕扮演

的西波維奇巡佐〔Lt. Sipowicz〕）

◎別告訴庫巴：壞人總認為自己主導全局

當我們回想幾大令人深刻又生動的角色時，想到的不見得會是主人公。亞當和夏娃故事中被凸顯的角色是那條蛇，也就是最有趣的角色（因為牠帶來……衝突！還有罪惡和人類的墮落，這也是麻煩之事，但因此很有戲劇性。）接著，該隱（Cain）出現在舞台中心，然後是以洪水為形式出現的上帝。

文學和戲劇充滿許多對敵角色，就像是人常說的，馬克白夫人搶盡風頭。《白鯨記》的白鯨莫比．迪克（Moby Dick）、《變身博士》的海德先生（Mr. Hyde）、伊阿高（Iago）、漢尼拔．萊克特、達斯．維達、《大白鯊》的鯊魚——滿滿邪惡角色。（趣聞：伊阿高在《奧賽羅》中的台詞比奧賽羅本人還要多。觀賞戲劇的伊阿高時，盡量不去想到美國版本《紙牌屋》飾演弗蘭克．安德伍德的凱文．史貝西，辦得到嗎？）

我們常對彼此說的一句話是，故事有多好取決於反派角色。要是你想創造優秀的反派角色，就要了解他們認為自己是主演之人、遊戲的英雄。這點符合有優秀對敵的好故事。記住，對敵不見得要是十惡不赦的那種邪惡之人（雖然這有效果）。唯一的需求是，他們「想要」的和我們的主角「想要」的不可兼得，他們彼此衝突而且「只能擇一！」電影中令人印象深刻的非邪惡對敵之一是《絕命追殺令》（The Fugitive）中由湯米．李．瓊斯（Tommy Lee Jones）飾演的美國副執法官山繆．傑拉德（Samuel Gerard）。電影主幹是他鍥而不捨追捕遭誣陷的逃犯，即由哈里遜．福特（Harrison Ford）飾演的李察．金波醫師（Dr. Richard Kimble）。而真正殺害金波妻子、綽號獨臂男的真正壞人，比起來黯然失色。

你應該應用我們前面討論到創造英雄角色的原則來創造反派角色。他「想要」什麼？他「需要」什麼？這些目標有什麼衝突？

沒錯，本書名叫做《屠龍》，反派角色也可能是隻龍。但這隻龍不知道自己是壞人。如果你的遊戲故事是白騎士要去龍的巢穴拯救公主，那麼龍認為這是個人類進犯牠家園的故事：人類破壞了牠的棲地，把過去能供應牠鹿隻、野豬、熊等食物的林地砍伐掉，還在上面蓋個破爛城堡。對龍來說，白騎士才是壞人！你要能用反派角色的那面故事來看這個遊戲。（要是你還沒有看《無敵破壞王》，先放下這本書，去找那部電影來看看。這作品完美演繹了由「反派」觀點來述說的故事。故事非常有成效！）

《傳送門》中凸顯的角色是愛操縱人的反社會型人工智慧GLaDOS，它要做的就是測試身為人類的對象雪兒。瑪利歐的仇敵「瓦利歐」（Wario）很有人氣，於是他有了兩個系列遊戲：《瓦利歐樂園》（Wario Land）和《瓦利歐製造》（WarioWare）。而《末世騎士2》（Darksiders II）中「死亡」是個「英雄」（對，你沒看錯）。《生化奇兵》中，安德魯．萊恩是個商業大亨，他引領一群變異「拼接者」來保護他沉淪的烏托邦。他這個深具代表的角色根據的對象正是霍華．休斯（Howard Hughes）、艾茵．蘭德（Ayn Rand）和華特．迪士尼（Walt Disney）[42]。

遊戲都有反派嗎？可以這麼說。沒有障礙的遊戲就不是遊戲了；這些障礙透過反派呈現出來。障礙有些不是人，例如以環境為對敵的遊戲《地獄邊境》。有些則像是人，例如《超級瑪利歐兄弟》裡劫走碧姬公主的庫巴。也別忘了《憤怒鳥》中帶著邪笑、充滿嘲諷的綠色豬。《絕命異次元》裡則有太空殭屍……，特別是生存類驚悚遊戲裡，總有某人會阻止玩家角色順利屠龍。

龍屬於：最佳配角 NPC

玩家角色在遊戲中遊蕩時，不論是在經歷主要歷險；或是在開放世界的沙盒裡遊玩，他都會遇到 NPC。這些角色被安排到遊戲中來提供線索、背景故事、導引、暗示、陪伴，或甚至喜劇解憂效果。NPC 角色讓世界鮮活了起來。

遊戲開發人員向來會讓 NPC 擔任遊戲中最強的角色，玩家則在一旁活動（或代表著他們），從其他媒體改編而來的遊戲特別是如此。你最記得的會是《傳送門》中身為NPC的反社會者 GLaDOS，而不是默默不語的玩家角色雪兒。在《教父：遊戲版》中，玩家起初是柯里昂組織中微不足道的一員。你扮演的不是維托・柯里昂或麥可・柯里昂，不過你會遇到維托，並接受他的指令。在《星際大戰：原力釋放》（Star Wars: The Force Unleashed）中，你是「弒星者」，也就是「達斯・維達的祕密學徒」，而不是扮演達斯・維達本人（除了教學關卡外）。

好的角色會帶給我們挫敗和驚奇。包含以前的角色，如哈姆雷特，還有後續角色，如《絕命毒師》的沃特・懷特（Walter White）和《廣告狂人》的唐・德雷柏（Don Draper）。電玩遊戲的主人公也在迎頭趕上。長期以來，NPC 可能是螢幕上最有趣的角色。近期，《刺客教條：大革命》（Assassin's Creed: Unity）已有一萬名個別化的 NPC。《最後生還者》中，艾莉在遊戲多數時間都是 NPC，但在喬爾受傷時接手成為玩家角色。NPC 是配角，從旁襯托主人公，他們在行動歷程中帶給主角挑戰。

龍之試煉之五

會會你的角色

1 回想你最愛的角色

寫下五個你最愛的電玩角色。他們的背景故事是什麼？他們的目標是什麼？你喜歡他們哪一點？（要具體。光說「她很酷」或是「他超猛」沒什麼作用。）他們有什麼特質？對每一個角色寫下一句話的描述。

現在，更重要地，他們在同樣遊戲中的對敵是誰？什麼人或物是阻撓主角的主要障礙？《憤怒鳥》中的豬隻、《質量效應》中的收割者。針對主人公的對敵寫下一句話的描述。

2 製作創角牌卡

拿出十張索引卡，列出十個「普通職業」，也就是一般人都有機會成為的人：教師、警察、消防員、服務生、卡車司機、教授、科學家。不含超級英雄或是銀河賞金獵人。接著你可能會說：「我要我的角色當超猛消防員！」首先，我們說過了，不要講「超猛」這種詞，因為不夠具體（而且老套）。要給他們缺陷。「自傲又愛搶著證明自我的消防員」本身會比「超猛」有趣，因為我們認同（也同理）不安全感。《質量效應》裡的薛帕德指揮官很自傲，也是第一個加入幽靈部隊（Spectres）的人類。缺乏安全感？這就對啦！

在另外十張索引卡上，列出十個「原型角色」。你能使用多種不同的原型，但我們要避免濫用的講法，像是「索求復仇的男人」或是「超猛太空海軍」或是「失意的獨行俠」。（等等，你可能會說：你剛分別描述了《戰神》、《最後一戰》和《沉默之丘》〔Silent Hill〕的角色。是的，不過這些故事的作者在腦中轉化了用詞。）我們換成是用太陽系的行星當做原型（也把冥王星，還有太陽或月亮加進來湊十個。）想想看每個星球有什麼相關聯的特質。譬如，對我們來說，金星帶來愛與溫暖的氣息。火星引發戰鬥和狂怒的感受。海王星冷酷。水星動作迅速。你的聯想可能很不一樣。總之，使用這些印象來當做你的角色原型，分別寫在每張卡上。

再拿最後十張卡列出「特殊情境」。主角時光倒轉到古羅馬，而人類受到外星人的奴役；主角去到地獄要殺掉撒旦；主角捲入下撒哈拉地區的內戰，而必須選擇陣營。

把職業、原型、情境三種牌卡隨機洗牌，並維持各類一疊。接著從每牌組中抽一張牌卡出來搭配。結果是什麼？重複幾次，直到有個讓你覺得眼睛一亮的結果為止。

最後，用三句話寫出特殊情境如何迫使你的主角必須改變。他在故事結尾會變成怎樣的人？你那愛指使人的木星學會好好待人了嗎？

---

42 http://www.rockpapershotgun.com/2007/08/20/exclusive-ken-levine-on-the-making-of-bioshock/

CHAPTER 06

我在遊玩時變換的身分？遊戲玩法的方法演技

扮演你的角色

我們來玩大富翁！你想要當大禮帽，還是針箍？或靴子？一家人打開桌遊時，爸爸或媽媽會去拿規則書，而小孩子會去拿遊戲道具。他們第一重視的，是「要當誰？」有些玩家會花好幾小時來調整他們的替身模樣，就像是孩子花許多時間爭論他們拿什麼道具代表自己。

小朋友喜歡扮演、嘗試不同角色，因為他們還在學習自己是誰。成人也喜愛玩遊戲和扮演，這樣可以脫離他們已成為的自己。而所有年紀的玩家變得熟巧後，會去尋找更有趣的角色來扮演。

《極地戰嚎3》的主要編劇傑弗里・約哈勒姆（Jeffrey Yohalem）建議，遊戲開發者要把玩家當做方法派演員（譯注：指由自身經歷觸發情感）。他說，敘事設計師必須「理解角色的心理動機、表現出該角色的行動，並將他的經歷和自身經歷連結。角色和玩家的關係亦同[43]。」

為什麼只有演員能幸運出演？小勞勃・道尼（Robert Downey Jr.）能飾演鋼鐵人。在《鋼鐵人》遊戲中，你也可以啊！

自主性與情緒成長弧

那麼，要怎麼寫出一個讓玩家能深切連結的優秀玩家角色？首先，你要跟遊戲設計師商量決定玩家角色擁有多少「自主性」（agency）。自主性可以想成是玩家在遊戲中感受到的控制力。玩家要如何影響自己的行動和身分？在

《超級瑪利歐兄弟》中 ，你扮演瑪利歐（這點沒得選擇），而且只能由左到右前進（你也可以從右邊向左邊移動，但無法改變關卡向右發展的規則）。你可以選擇（通常是）跳起來踩死敵人，或是完全避過他們。你一直都是瑪利歐，除非增強力量變成雙倍大的巨型瑪利歐，或是變成火球衝刺瑪利歐。某些關卡中，你可以選擇地下捷徑而非主要道路。不過，大多數時間內你是一般瑪利歐，跳躍踩踏敵人。所以你在「行動」上的自主性有限，而且幾乎沒有「身分」上的自主性。

◎「創建角色」不等於創造出角色

編寫出色的角色不等於眾多電玩玩家熟悉的創建角色（替身）。在《魔獸世界》、《異塵餘生3》及其他眾多遊戲（包含許多運動遊戲）中，玩家在開始遊玩前要先點選創角的模組。這時，玩家選擇替身的屬性，像是名稱、種族、性別、身材、臉部特徵、髮型、服裝等諸如此類。有些《黑街聖徒》（Saints Row）遊戲甚至讓你決定角色講話的聲音和走路的動作。不過，自訂你的替身並不等於編寫角色。

確實，你在《質量效應》中可以選擇擔任男性或女性的薛帕德指揮官（這點很讚），但這不會直接影響到故事的敘事。創角確實讓玩家在主人公的「選角」中有一些自主性。有玩家發布詳細說明要如何在《闇龍紀元：異端審判》中創建出長得像《權力遊戲》中丹妮莉絲長相的替身，把電玩遊戲、有線電視和粉絲想要二創的渴求連結在一起。不過這並不是創造角色，而是選角。相關部分已由編劇或是設計師完成——如同電視、電影和戲劇寫作的流程一樣，完成選角是最後的。

在遊戲中，玩家是否如同《無界天際》般，幾乎能完全控制玩家角色的身

分和行動？或是扮演著不會說話、沒出現在螢幕上的玩家角色，如《星際大戰》和《星際大戰 2》故事劇情中可靠而無名的同盟者，只能觀看著各關卡之間所展開的故事戲劇？

以後者來說，編寫起來比較容易，因為這基本上創造的是非互動式故事。然而玩家角色是故事行動的被動觀察者，同時也會是遊玩方式的主動推動者。但在這種遊玩方式中，玩家角色的情緒沒有改變，其他身旁角色才有。

電玩遊戲應該要盡可能超越這點。許多遊戲中，唯一的成長變化就是能力變強，像是可以得到新能力（飛翔）及強化原有能力（劍的揮舞速度變雙倍）。在遊戲的關卡闖蕩時，玩家角色得到更多工具、力量和能力。就連在手遊中，玩家角色也能累積金幣、特殊技能，如《神廟逃亡》；或是解開新關卡，如《憤怒鳥》、《糖果粉碎傳奇》（Candy Crush Saga）。這些增強物可能是玩家唯一能改變的地方。

生動的遊戲不應該只講究生動的遊戲玩法，也應該要具有會改變並經歷情緒歷程的角色。

遇到衝突的角色必須做出抉擇

我們在觀賞電影、閱讀書籍、追電視劇時看著角色為艱難的選擇煩惱。他們遭到背叛時會怎麼做？他們受欺瞞時有什麼反應？他們發現真相後又會發生什麼事？做什麼選擇？從喜劇到劇情片，故事都是與角色做出選擇有關。（喜劇通常是看著角色做出錯誤選擇後而出現的僵局。）

選擇形塑著角色。一名消防員在下班回家的路上，從一場火災中救出一家人，這不算重大選擇；若是銀行搶匪在回家路上看到同一間房子而選擇救那家人，這就是故事。你要讓角色對選擇感到艱難，不然就缺乏戲劇性。

遊戲玩法（行動歷程）上，提供玩家各種選擇。要躲？要逃？用刀？榴彈？偷偷繞過壞人後方？這些不算戲劇選擇。要讓故事有效的話，角色必須積極，並且基於根本的原因做出決定以繼續歷險。如果不用屠龍也沒關係，為什麼還要去屠龍？在《飢餓遊戲》中，凱妮絲（Katniss）選擇代替妹妹櫻草花（Primrose）上場。這個選擇讓她必須在各場比賽中戰鬥，進而引領一場革命。麥可・柯尼許為保護父親維托而做出選擇，就算這麼做等於是要繼承家業。注意這兩個選擇都牽涉到家人。在《異塵餘生3》中，身為庇護所住民的你得知父親失蹤，於是你選擇進到末日後的首都廢地（Capital Wasteland）去尋找他。又是與家人相關！而在《到家》裡，你在空屋內搜索尋找家人下落。

要是你能把遊戲扣緊根本情緒，那麼玩家就能從內心產生共鳴。根本情緒是我們直覺經歷到的感受，包括親情、對安全的渴求、生存意志、復仇慾、憎恨感。

當角色以根本情緒為動力被推動時，故事和探求行動都會更加有力。「動機」不應該只限於演員，寫手也要用這個詞。隨時都要問「為什麼？」為什麼我的角色會有這樣的行為？在《絕命異次元》中，艾薩克的根本情緒是生存意志。生存驚悚類在電玩遊戲總是很成功，像《惡靈古堡》（Resident Evil）、《沉默之丘》和《死亡之島》（Dead Island）。這些作品通常會搭配恐怖怪物，而缺少自主性。你的移動選項少、武器有限，而且沒有多少彈藥。就像恐怖電影導演一般，驚悚遊戲設計師很擅長隱藏資訊和選擇，讓玩家害怕下一道門後面發出喘息聲的東西。

其他根本情緒呢？「愛」在電玩遊戲中歸屬於哪呢？有歸屬處嗎？我們在《薩爾爾達傳奇》（Legend of Zelda）中看見主角林克（Link）的愛。也在《最終幻想》中也看見了。《時空幻境》中，提姆（Tim）因為愛而展開旅程。《任天狗》（Nitendogs）中，你愛你的寵物狗狗。

奎托斯想要復仇，復仇也是很根本的力量。《俠盜獵車手4》的尼克（Niko）來到美國尋求美國夢，但同時也必須擺脫舊國家的暴力和貧窮。他想要生存和飛黃騰達。

觀眾在情緒上會與他們能理解的事物相連結。我們並不是說這是眾人玩遊戲的主因。雖然不是，但根本情緒和背景故事可以是人們喜愛你的遊戲、想要重複玩、以及跟朋友聊相關話題的原因之一。所以要在乎遊戲內發生什麼事。

好的故事會結合以上所有要素。《俠盜獵車手》核心的父子故事不是我們購買這款遊戲的原因，但卻會讓人投入情感，而且提供很吸引人的故事發展。如果玩家沒有跳過剪輯場景才進到遊戲段落，或甚至在遊戲中還不斷爭取進度想知道「接下來還有什麼」，那就表示你的遊戲故事達到效果。理想上，你和團隊人員要能在遊戲體驗中傳達故事。以《俠盜獵車手4》為例，角色在跟你一起開車前往下一個任務時，他們之間的對話就是能夠著墨處。

把這些幕後場景的角色安排想成是寫程式瑪。執行應用程式或是其他程式時，你不會看到程式瑪。工程師和程式員才會看到。他們花了好個小時才讓應用程式能運作，還有偵錯。寫手同樣也會為角色做一樣的事情：決定要給角色什麼內在衝突，好讓遊戲的歷險不僅對玩家（行動）來說，對角色（情緒）來說都具有難度。

《最後生還者》中，喬爾不再想當父親了。他覺得自己原本曾有機會，卻丟失了機會。他受任指導艾莉時非常不情願，而在過程中每一步都很掙扎，但他在遊戲最後又再度成為父親。

是該存活（請按 A）或否（請按 B）

遊戲角色在故事中做出的選擇比其他任何媒體都來得多。哈姆雷特道出著名獨白時，你能想像這名憂愁王子正等著觀眾決定他要繼續存活與否嗎？在遊戲以外的其他任何形式的敘事中，觀眾都是被動的。（《東尼與蒂娜的婚禮》〔Tony n' Tina's Wedding〕等「參與式戲劇」則是少數例外。）一般而言，觀眾無法影響故事。大家常說所有電影都是關於希望與恐懼：你希望角色做出正確選擇，同時害怕他們做錯選擇。

以傳統戲劇結構而言，故事的主人公做出選擇來繼續旅程。這點通常會放在第一幕的結尾。電視劇中，則會是在前導片集目的結尾。（《迷失》：我們要怎麼離開這座島？）或是，電影或書本中的哈利去到霍格華茲（《哈利波特與神秘的魔法石》〔Harry Potter and The Sorcerer's Stone〕）的時候。第一幕讓電影發展下去的選擇是，揭露出角色面目並引發他們的情感轉變。

《飢餓遊戲》中，凱妮絲做出抉擇代替妹妹上場。接著她選擇不要諂媚贊助者。她也選擇不要殺掉其他貢品。她選擇比德（Peeta）。因為她的決定，所以有後續兩集。

好的故事會在引入敘事時，透過設計讓玩家／主人公不得不繼續旅程。《星際大戰》中的路克必須救公主才行。其實，他也可以不要，只是那樣一來就沒有電影內容可演，帝國會勝出，而且他永遠離開不了星球。所以他還是有必要救出公主。一開始他「拒絕要求」了幾秒鐘，但就在他看見了可憐的繼叔、繼嬸的焦屍（又提到家人了！）那個時間點開始，他就全心投入要完成使命（雖然他常常把「我做不到」放在嘴上。）

電玩遊戲中的電影橋段戲劇選擇也是用同樣方式運作，遊戲段落會停下來，好帶入故事。然後我們繼續遊玩，讓故事再展開。

選擇必須帶來後果

戲劇的特別之處是，我們能在眼前看見生動的情緒展現；演員會站在舞台上，這點真的很特殊。電影的獨特之處，在於特寫鏡頭；角色在 IMAX 大銀幕上看來有一百八十公分高，我們觀眾被帶到不同世界去。電視的獨特之處在於把故事送到家裡，把角色邀請到我們的生活中；我們常常在他們面前自在地裸身行動或是一邊吃著早餐一邊看電視。

而遊戲的獨特之處是角色要做出的選擇。傳送內容的平台（如個人電腦、遊戲主機、平板電腦和手機）已穩定，而不斷改變的是裝置能夠承載和傳達更多資訊。也就是說，電腦變得更加智慧、晶片能裝載更多資料。這不僅帶來更好的視覺效果，也讓遊戲中裝設了更好的人工智慧系統。於是，每當玩家讓角色在遊戲中做出決定時，故事就有了演進的潛力。

我們這裡說到「潛力」，因為我們認為這是遊戲進展的方向，但還沒有抵達。數年來，我們在成長過程中聽聞能有數百個電視頻道、還有隨選隨放的電影和電視劇，現在終於實現了。鮑勃和基思兩人都夢想著能有個收錄所有《星艦迷航記》的影音庫，隨時可以叫出想要看的集目。現在他們兩人都能死而無憾啦。真正的互動敘事，即玩家選擇能實質影響遊戲故事和世界的前提，離我們愈來愈近了。

多年來，遊戲愛好者面臨了一些選擇，但卻不是真正的選擇。在《生化奇兵》中，你可以採集小妹妹（Little Sister）的亞當物質（ADAM，生存和增強力量所需），或者是選擇留下小妹妹。然而，其實在遊戲最後，這兩者沒什麼差別。要是你留下小妹妹，還有其他方法可以得到亞當物質，這不太會影響到遊戲結尾的剪輯場景。（但你確實可以解鎖新成就。）

《異塵餘生3》透過讓你這名庇護所住民決定如何應對核彈鎮來讓人一窺遊戲的未來。你離開第101號庇護所時會遇到一顆未爆的核彈，這個城鎮就在該核彈外圍建造而成。你探索城鎮時，很快就會發現要是你跟從特定的歷險路線，你必須選擇是否解除這顆核彈，或是從安全距離把核彈爆破，但會因此連同城鎮一同摧毀。解除炸彈或炸掉小城鎮，分別會帶來不同的遊戲結尾。你可以重玩遊戲嘗試換另一種選擇，探索不同的結果和結局。你在這裡做的選擇會讓敘事產生更大的分歧。

《神鬼寓言2》中，要是你對村民蠻橫，村民會記得。隨著故事發展等你再度回到村落中，他們會根據你的選擇做出合適的反應。

《質量效應》三部曲會在後兩部分記錄你的選擇，並影響著各部分和整系列的結尾。你的選擇會影響遊玩體驗。哪個是正確的選擇？這由你來決定。故事有數千種不同變化。好萊塢開發《質量效應》電影一陣子了。為什麼這部電影會這麼難製作？其中一位企畫的第一編劇馬克．普羅塞維奇（Mark Protosevich，他寫過《雷神索爾》（Thor）、《我是傳奇》（I Am Legend），他這麼說道：「這是我第一次改編遊戲，而且可能就只有這一次。這很困難。我不諱言這很困難。因為，尤其是《質量效應》，內容實在太多了。敘事上，要把九、十小時的敘事塞入兩小時的時限裡[44]。」

二〇一四年的一個意外遊戲大作是《中土世界：魔多之影》（Middle-earth: Shadow of Mordor），裡頭有個「宿敵系統」設計。這些宿敵是「軍隊中隨機取名的敵人，在每局遊戲中個別產生」。每名宿敵有自己的個性，會隨著遊戲進展在社會結構中升等或降等。他們受到玩家角色塔里昂（Talion）行動的影響，會對塔里昂進入魔多有不同反應，可能是戰鬥或逃跑或其他反應[45]。所以說，你和敵人相遇的情況會影響角色的選擇和後續任務，然後再影響後續選擇，如此重複下去。

這些都歸於真實選擇能帶來真實後果的遊戲敘事聖杯。《生化奇兵》創作者肯・萊文正在開發新的互動故事系統。他的目標是要創造「不再是線性，而會彼此互動的敘事要素」，並且要讓「所有要素觸發玩家的行動[46]」。萊文把這稱為「敘事積木」，策想著每個選擇都有影響力，同時為個別玩家創造敘事的遊戲。

他企圖推動「電玩遊戲中的說故事藝術[47]。」著重於完全依照玩家選擇的非線性敘事，並且有著豐富敘事結構的遊戲，是否離我們愈來愈近了？

看來似乎如此。

不過，要是玩家擁有完全自主性會怎樣呢？就算遊戲中選擇有限時，玩家通常還是會去做「對」的選擇：道德上正確的選擇。開發《陰屍路》的訴說遊戲公司有個令他們感到驚訝的發現：當面臨必須做出正邪選擇時，玩家會做正派的事。根據他們的資深行銷總監理查・伊戈（Richard Iggo）所說：

> 從收集玩家決策的一些數據顯示，即使面臨險境，也就是沒有誰能成為贏家，而且每個決策都在灰色地帶時，多數的人還是「盡可能做出『正確』的事，即使沒有真正『正確』的事可以選」……這很令人驚奇，因為我們提供抉擇給玩家時，從純邏輯觀點來說做出更灰暗的選擇會很合理，但他們仍然選擇做出個人犧牲的道德高點，例如在面臨危險、或是跟另一名角色的關係會因此受到損害時[48]。

透過你的角色來說話

你的各個角色不該互相類似。絕對不該那樣，因為會很無趣。誰想總是聽著同類型的人說話？我們希望角色在行動和聲音上彼此都有所差別。寇克（Kirk）、史巴克（Spock）、麥考伊（McCoy）都想要同樣的東西，但他們的手段還有傳達情緒的方式都不一樣（對，連史巴克也含在內）。韓．索羅和路克．天行者即使屬於同一隊，他們的行動和聲音也很不同。

1 奎托斯、瑪利歐還有尼克困在同座電梯裡……

使用劇本格式，寫下你最愛的三名電玩角色困在同座電梯裡時會有的對白場景。他們會有什麼反應？奎托斯想透過暴力掙脫出去，尼克覺得自己被人密謀搞事，瑪利歐可能會想辦法解決問題卻愈幫愈忙。我們要你寫下不同的角色聲音。盡可能減少對角色的描述還有他們的行動，而是聚焦在他們的對白上。

2 找出角色的語氣

我們來專門針對你遊戲中的主要角色做練習。用第一人稱，寫下三個段落的主角語氣獨白。他可以談談故事中正發生的情況，可以講講往事，可以談談期望。這些都不重要。重要的是你開始認知自己的主要角色是怎樣的人。要是你知道你的角色被人奴役呢？他會有怎樣的夢想？哪些事情能給他們每天活下去的動力？

3 寫下你角色的響亮金句

依據你目前在遊戲日誌中所寫的玩家角色相關內容，還有在上一個練習所寫的內容，寫下：

1. 玩家角色預備做出攻擊時會說的話，共八句不同內容。

2. 玩家角色受到攻擊時會說的話，共八句不同內容。
3. 玩家角色瀕臨死亡時會說的話，共四句不同內容。
4. 玩家角色即將勝利（是打敗對手，不是贏得整場遊戲）會說的話，共四句不同內容。
5. 玩家角色在閒置時（等待玩家輸入動作）會說的話，共八句不同內容。

你要在 Excel 或是其他類似的試算表程式做這件事情（因為這就是專業遊戲寫手會用的方法）。以下是格式範例：

導引	句子	觸發情境
		攻擊
		攻擊
		攻擊
		攻擊
		攻擊
		攻擊
		攻擊
		攻擊

範例表的「導引」欄位，指的是演員該句對話所要傳達的感受（如果光從台詞看不太出來的話。）例如，依據你玩家角色的情緒安排，他們可能會在攻擊時感到憤怒或興奮，又或者是感到恐懼。導引欄位能在錄製配音時節省時間（多數完整的電玩遊戲腳本會有其他欄位，包含評論、註解、音檔名稱等等。）

43 http://www.polygon.com/2013/3/31/4150956/far-cry-3-writer-method-acting-gdc-2013

44 http://badassdigest.com/2013/10/03/why-mass-effect-will-be-the-only-video-game-movie-mark-protosevitch-writes/

45 http://www.ign.com/wikis/middle-earth-shadow-of-mordor/The_Nemesis_System

46 http://gamerant.com/bioshock-ken-levine-finished-with-linear-narratives/

47 http://www.polygon.com/2013/10/9/4816828/ken-levines-next-big-thing-isnt-so-much-a-game-as-it-is-a-reinvention

48 http://venturebeat.com/2012/08/15/telltale-games-the-walking-dead-statistics-trailer/

CHAPTER 07

給寫手的遊戲設計基礎

只是個遊戲，這就是個好東西

戲劇有現場表演，演員站上舞台在我們的眼前展開戲劇內容。電影讓我們相信不可思議的事情，這是在想像力廳堂內人們共有的集體經驗。夏日週五晚上看個爽片讓觀眾去到不同境地並且興致高昂（如果是看恐怖片，就會瑟瑟發抖）。觀眾看得很入迷，還即時把他們的反應發布在推特上。

遊戲更升一級，讓觀眾能夠參與行動，並且在一定程度下控制行動的步調。由玩家你控制角色，並和遊戲世界互動。你看到一個物品，把它撿拾起來，然後使用（或是不使用）。你做出反應、你做選擇、你主動參與故事。這既不是電影、也不是戲劇，這是電玩遊戲，真是個好東西！

如果你製作出「玩家期待的聖誕樹」，可能會長得像這樣：

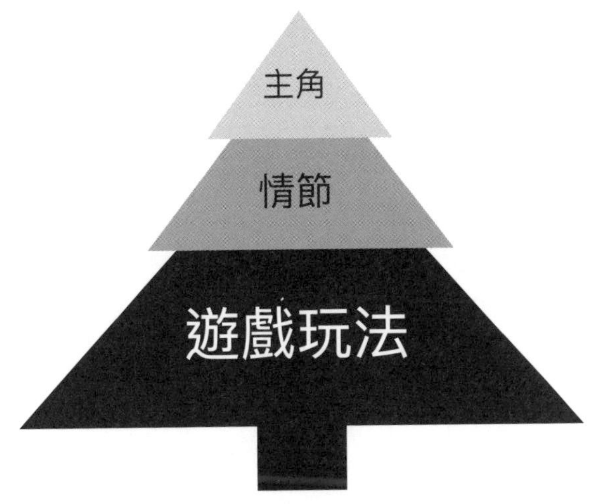

要注意的是，遊戲玩法（gameplay）是聖誕樹的大型基底，那裡正是擺放禮物的地方。沒有遊戲玩法，就沒有遊戲（game）可言，這是玩家玩遊戲的原因；如果他們想要的只是一個故事，那麼大可閱讀書本或是觀賞電影。遊戲設置（setting）可能很酷、主人公可能也很有趣，但若是缺乏了遊戲玩法，頂多也只是網路劇集。

遊戲玩法（gameplay）就是玩家在遊戲（game）中要去做的事情，也是他們屠龍的地方。不過，實際上要怎麼做到？要他們找到一把魔術之箭、建造投石機、或是從小販身上騙來邪惡藥水？遊戲設計把玩家帶到遊戲之中，並讓他們主動參與故事的結果。我們在〈第一章〉定義「機制」時討論過這點。遊戲機制就是玩家可操控的動詞。

《到家》設計師史蒂夫・蓋諾（Steve Gaynor）在遊戲附帶的小書上寫道：「電玩遊戲寫作並非憑空產生，過程中令人感到振奮（而且經常充滿挑戰）的是要和遊戲本身的設計整合交織在一起[49]。」

遊戲玩法是打造互動敘事的核心基石

這本書主要談的雖然不是遊戲設計（game design），但現在我們還是必須談談遊戲設計。因為若不理解遊戲設計的基礎，就無法撰寫、創造、開發或是製作遊戲。

創作《死亡之島》和《垂死之光》（Dying Light）的資深遊戲寫手哈里斯・奧金（Haris Orkin）如此描述寫作：

> 結合了電影和戲劇，但又更進一步，因為遊戲世界是其他人建造的……你要跟遊戲設計師、關卡設計師、美術人員合作。這真的是各項目的合作，因為遊戲是透過包括關卡設計、美術及寫作在內的各個方面訴說故事。對白可以視為說故事時最不重要的部分，在遊戲裡，不需要對白也能夠說故事[50]。

寫作需要處理故事的各個面向，絕不只是對白而已。電玩遊戲寫手應該參與每一個開發團隊。遊戲的產製需要寫手在企畫開始的第一天即「就位」（這個做法電影導演並不怎麼歡迎。）寫手必須知道玩家能在遊戲中做哪些事情，進而運用這些機制在情感上回應故事中的角色。

◎何謂遊戲設計師？

我們要釐清一個在互動領域裡最常被濫用的語詞：「遊戲設計師」（game designer）。我們比較喜歡的用語是「遊戲玩法設計師」（gameplay designer），會比「遊戲設計師」更為精確。因為遊戲玩法設計師是針對「遊戲玩法」（gameplay）進行設計、精修、並使其平衡，這個用語概念同樣適用於引擎和關卡層面。

不歸遊戲玩法設計師負責的事，包括創造遊戲的外觀（由美術總監／視覺設計師負責）、創造環境或角色外觀（由概念美術人員或是角色設計師負責）、為遊戲編程（由程式人員負責）、設計音效（由聲效設計師負責）、或是「執導」遊戲（有些遊戲玩法設計師也會做，但通常是由首席遊戲設計師或是創意總監負責）。不過，遊戲玩法設計師需要和以上所有人員合作。

遊戲玩法設計師所做的是，從紙本原型到最後發布內容，重點都是著眼於玩家能否玩得盡興。製造樂趣可不是一件容易的事情。控制器有好好發揮作用嗎？玩家是否過於強大或是不夠強大？當玩家和魔王對戰時有得勝的機會嗎？謎題是否過於含糊難解而幾乎等同是瞎猜？關卡流暢嗎？遊戲流暢嗎？（意思是有沒有卡頓的地方會讓玩家感到挫敗或是失去興致？）遊戲玩法設計師與關卡設計師、敘事設計師、平衡設計師、使用者介面設計師和內容設計師密切合作，有時候或許也需要兼做這些工作。他們經常需要跟遊戲測試員及社群管理員聯絡以取得遊戲設計上的回饋。他們每天玩自己的遊戲，但這樣做會有頂多被謎團困惑一次的限制，所以他們會花很多時間看其他人玩遊戲。遊戲玩法設計測試流程是不斷地跟團隊其他人合作以吸取回饋，並根據回饋調整遊戲玩法的設計，接著再測試調整後的版本並取得更多回饋，如此不斷來回好幾輪。

遊戲玩法的平衡和敘事平衡

絕不能因為玩家在遊戲中遭遇挫敗而減損故事效果。理想上，遊戲玩法的設計應具有挑戰性，但不至於會讓玩家想放下遊戲（或甚至把控制器砸向電視）；從另一方面來說，遊戲的挑戰性也必須夠強勁，不然會變得很無聊。

「遊戲玩法的平衡」就是調整難度使得挑戰最佳化，這是設計師不斷努力達成的目標。遊戲寫手也要處理很類似的概念，即是「敘事平衡」，也就是運用互動性使情緒投入最佳化。換句話說，讓玩家在玩遊戲的同時就是在參與故事，而不是僅僅闖關而已，不然的話他們就只是分段著看一部電影罷了。

如果你去問任何一位遊戲玩法設計師要「使玩遊戲平衡」有多難，他們一定會滔滔不絕沒完沒了地說。敘事平衡的概念比較新，但要達成同樣很有挑戰性。這可能讓人感到氣餒，就像是學習走路一樣，在敘事的遊樂場上摸索事物，多多少少會磨破膝蓋。

◎我們的樂趣理論

這本書寫到這裡，希望我們已經清楚說明了「戲劇的本質是衝突」。然而，你覺得樂趣的本質會是什麼？

花點時間來想想！我們等你。假裝這時正播放著倒數用的音效《最終危機》（Final Jeopardy）。

樂趣的本質是……驚奇！

（感到驚奇嗎？）

回想看看，你玩過的第一個遊戲是什麼？不是電玩或桌遊，甚至也不是遊樂場上的遊戲。

這個遊戲是「遮臉躲貓貓」（peek-a-boo）。其實這不太算是真正的遊戲，只是大人對寶寶還在發展的大腦耍的把戲而已。不過，當奶奶掀開雙手露出笑容表示「驚奇吧？奶奶在這兒」時，還是讓我們雀躍地驚呼。

很多遊戲機制所圍繞的中心就是驚奇：不論是在《接龍》中翻開牌卡，或是在《暗黑破壞神》中從無數具惡魔屍體上搜刮寶物。你得到你想要的東西了嗎？通常沒有，但總有確實得到的時候。

要讓遊戲玩法（gameplay）變有趣，靠的就是挑戰、難度與結果的不確定性。想想看，按下開關開燈有趣嗎？不，我們本來就期望每次燈都會亮；跟爸媽（或子女）玩丟接球有趣嗎？那當然，當我們（或他們）成功接到球時都會感到又驚又喜。

說到球，幾乎所有運動都是有關不確定、不太容易取得的成功。球棒擊出安打時讓人感到驚奇，是因為這個遊戲並不利於打出安打（好的打擊表現頂多是每揮棒三到四次時只有一次能夠安全上壘）；球員接住美式足球（或是線衛攔截到球）會讓人感到驚奇，同樣也是因為球被設計得不容易接到，更何況同時還有十一個大漢從旁干擾。已故的羅賓．威廉斯（Robin William）本身熱中於電玩遊戲，他有個經典的段子談發明高爾夫球的蘇格蘭人是虐待狂[51]。真是好個成功大不易的情境！不過，幾個世紀以來，大家還是愛打高爾夫，因為完美地將球擊出、讓球滾入坑洞會帶給人驚喜。

遊戲玩法設計師喜歡讓玩家感到「斐耶羅」（fiero），這個從義大利單字翻譯過來的意思大致是「克服逆境的榮耀」。我們認為「斐耶羅」的根本就在於驚奇，因為要是你早早就預期能順利克服障礙，那打從一開始就算不上什麼障礙了，不是嗎？

遊戲玩法會打斷敘事？敘事會打斷遊戲玩法？

在遊戲的任何時刻不斷問自己：「玩家可能感受到的情緒，是否源自於以故事強化的遊戲玩法？」是我們努力遵從的一個原則。

在激烈的行動中，像是射擊遊戲的槍戰或賽車遊戲的競速，玩家會感到憤怒、恐懼和懸疑，這些情緒伴隨著與之呼應的遊戲情節點共同發揮作用。

當玩家在搜尋物品或是探索未知、處於孤寂環境的時刻，多半會搭配能反映出失落、困惑、哀嘆或神祕的遊戲情節點。

要是玩家探索著美麗的環境呢？那麼遊戲情節點則適合有關愛、滿足感、勝利、允諾或是喜悅。

重點是不要參雜不搭調的東西。如果你抽離掉玩家的遊玩氣氛，硬是去搭配天差地遠的故事氣氛，可是會惹人怨的。故事的氣氛跟遊玩氣氛相輔相成，能得到一加一大於二的效果（遊戲玩法和故事）。

遊戲玩法必須吻合遊戲的故事

玩家在遊戲中做的事，必須反映出遊戲的故事和主題，並且應該與敘事互相搭配。比照其他媒體做法，我們認為遊戲所有的機制都應該想成是「動作動詞」。編劇、總監和演員都（希望是這樣啦）應該用動作動詞來思考，對著建造好的場景心裡思索著：這場景中誰想要什麼事物？

已故導演麥克・尼可斯（Mike Nichols）執導過《畢業生》（The Graduate）、《鳥籠》（The Birdcage），他在寫作和導演方面的做法是讓每個場景都要是交戰、引誘或是談判[52]。遊戲關卡和電影場景很類似。《海底總動員》中，馬林想要逃脫鯊魚布魯斯（Bruce），他想要活下去。鯊魚布魯斯則想要吃掉馬林。（劇情中他剛大開殺戒，打破「魚是朋友，不是食物」的信念。）在這個場景中有人勝出（那就是活著逃出的馬林和多莉〔Dory〕）。《生化奇兵》中，傑克（你）時時刻刻都在求生存和逃離銷魂城。你可能需要拍下拼接者的照片來完成任務，為此你必須跟拼接者對決（遊戲玩法）、找到相機（遊戲玩法），然後拍下良好的照片（遊戲玩法），並在整個過程中設法不要被殺掉。

機制＝動作動詞

如果玩家是遊戲的主人公，你必須讓他在場景中有事情可做。寫手撰寫場景時，會為角色設定目標。在《星際異攻隊》開場時，「星爵」彼得・奎爾（Peter Quill）想要盜取靈球，在遇到加羅斯（Korath）時，他的目標則是逃跑。《全面啟動》中，傑克想對人的意識植入想法，他要怎麼辦到？必須透過一連串的行動，這些行動也就是故事中的動詞。

你應該把遊戲玩法的機制想成動作動詞。遊戲玩法設計師要把概念（動作動詞「跳舞」）建構成可以用程式碼（還有美術和音效）實現的演算法系統，讓玩家能夠真正玩到跳舞遊戲。

這就是不容易之處。

不過光有遊戲機制本身沒有意義，必須有「內容」才行。

瑪利歐跳躍就只是他自己在跳躍而已。

把瑪利歐置放到《超級瑪利歐兄弟》關卡中，讓他有磚塊可以敲打、有敵人可以擊潰，並讓他利用跳躍機制來探索環境，遊戲才會變得有樂趣。

《憤怒鳥》的核心機制基本上就是射彈弓，但加上豬堡壘的設計，並且能選擇在什麼時機發射出哪種鳥，就成就了數十億美元的特許授權品。

我們比較喜歡用「內容」一詞，因為這比「關卡設計」指涉得更廣泛。

內容能指敵人、撿拾物、背景敘述、對白、聲音效果、道具等等。任何在遊戲環境中對玩家具有意義的事物（或是在真實生活和遊戲環境之間的選單空間）都算是內容。

這與資產不同，資產是指遊戲中能夠被看得見或聽得見的任何事物。資產則是對創作者具有意義。資產往往表現為內容；但遊戲中經常有些資產（如動畫、皺面貼圖〔bump maps〕、碰撞映射〔collision maps〕是對遊戲功能很重要，但我們玩家看不到的。

最後，我們需要遊玩目標，像是拯救公主、屠龍、存活。

在我們從小玩到大的美式桌遊中，遊戲說明都是在第一頁（或是包裝盒蓋內）上方放大的粗體字：遊戲目的。

多數遊戲的目的是「得勝」或是「破關」。我們玩家多數人都期望隨著內容順利玩下去的話，遊戲會有終結。

明顯可見，有些遊戲是無法勝出的。要是回想一九八〇年代需投幣的機台遊戲，如《太空侵略者》（Space Invaders）、《爆破彗星》、《小精靈》，這些遊戲的目的是盡可能持續玩得久一點，或是當你練出高超技術時「金榜題名」，讓自己的名字出現在遊戲結束後顯示的高分榜上就算是勝出。

有些遊戲在破關後，尚有許多額外內容或是功能，讓你在完成主要故事後還可以持續遊玩。

如同遊戲機制之於玩家行動，敘事設計的關鍵則是在「這個引人入勝的世界中使故事合理的玩家行動」想出適合的脈絡，並且讓玩家想要繼續透過這些機制來探索世界。

如何用有趣且適玩的方式在遊戲中穿插故事？答案是，為遊戲玩法提供脈絡。舉例來說，你在破除《生化奇兵》的層層關卡時，常常會遇到擾人的飛行砲台對你射擊。想擊敗這些砲台，不是把它們摧毀掉（這很困難，而且會浪費寶貴的彈藥）就是關閉它們（仍然不容易，但風險比較低）。如果你選擇關閉它們，就要去它們的控制台破解密碼，破解密碼就是遊戲玩法的部分。這是個解謎遊戲，要解開才能存活。這樣的遊戲玩法存在於故事的脈絡中，否則何必費勁去解開謎題呢？

機制與脈絡

以下圖表列出幾個遊戲機制範例、根據該機制設立的故事脈絡，以及應該凝結成的玩家情緒。當一切相互搭配得宜，做為敘事設計師的你，才算是成功地使遊戲機制伴隨著故事發展、以此創造出帶動玩家情緒的內容。

遊戲名	機制	情境脈絡	感受
《俠盜獵車手》	競速	逃離警方追捕	恐懼、懸疑、「斐耶羅」
《不義聯盟》(Injustice)	對戰	拯救世界	勝利、憤怒、興奮
《當個創世神》	建造	躲離苦力怕(Creeper)	滿足、欣慰、恐懼
《絕命異次元》	探索	逃離受侵擾的船	顫慄、焦慮、恐懼
《國際足盟大賽》	跑、踢	在世界盃比賽	興奮、懸疑、「斐耶羅」
《決戰時刻》	射擊	小隊式城市對戰	同袍情誼、恐懼、勝利
任何樂高遊戲	摧毀、蒐集、建造	英雄奇幻	喜悅、驚奇、能力、力量
《黑色洛城》	調查、訪談	偵探推理	懸而未決感、反常狀態

製片情境中，我們會談到場景是否「在主軸上」。有時候場景在重寫、拍攝或是剪輯的過程中脫離正軌，這時的場景像是單純的活動，沒有後續，也缺乏了動機。歐內斯特．海明威（Ernest Hemingway）一輩子沒玩過任何電玩遊戲，但他給遊戲開發者提供了合理的建議：「不要搞混『動作』（motion）和『行動』（action）」。行動的背後需有支持這項行動的理由，動作則不需要。雖然也能引起一陣子的娛樂效果，但千萬不要讓觀看者脫離故事，或讓玩家脫離遊戲。

遊戲的行動要反映故事的情緒，如此才能帶來「移情式沉浸」（empathetic immersion）。理想上，玩家要能對螢幕中發生的事情感同身受。這種情感和行動上的連結得來不易，正是遊戲創作者不斷追求的目標，一旦玩家和故事合而為一，玩家會非常投入遊戲行動而不想停下來。他們想持續遊玩、持續觀看。他們想要待在那個世界裡，因為他們可以一同決定結果，這只有遊戲才做得到。

玩玩遊戲玩法

1 描述十分鐘的遊戲玩法

玩一個遊戲。在你的遊戲日誌中，描述前十分鐘（或從中任選十分鐘）的遊戲玩法。你要能夠完全控制自己的角色，而不會困於非互動故事段落中。在日誌中描述你在這十分鐘內做、想、感受到什麼。你能完成哪些事？你對於行動有多少自由？

2 為你最愛的遊戲增加一項機制

想像（或重玩）你最愛的遊戲。現在想想看遊戲裡有一種原本沒有、但你想要加進去的機制，這會對遊戲帶來什麼改變？你要怎麼使用這種機制？比方說，若是在《植物大戰殭屍》裡增加可以「移動」植物，那會如何？這會對玩家體驗將帶來什麼影響？會降低還是提升遊戲的難度？

3 依據遊戲機制創造故事

記得，我們把遊戲機制定義為「動詞」，也就是玩家在遊戲中所能做到的事情。以下列舉出二十五種遊戲機制，實際上有更多。

1. 加速和減速
2. 排列
3. 攻擊和防禦
4. 建造
5. 購買和販賣
6. 接球
7. 征服
13. 趕牧
14. 跳躍
15. 配對
16. 養育
17. 置放
18. 供給能量
19. 尋找資訊

8. 相互比較

（與另名玩家或是 NPC）

9. 引領方向

10. 拋棄物品

11. 包覆

12. 交換

20. 選取

21. 排序

22. 射擊

23. 說話

24. 拿取

25. 投票

拿幾個骰子或是硬幣來丟擲，從清單中隨機選出五個機制。（沒有骰子或是硬幣的話，可以試試 www.random.org 的自動選號機。）

再從五個隨機機制中挑選出三項，接著寫出一到兩段使用這些機制的遊戲簡介。描述出遊戲發生的世界、玩家角色、目標和對敵，還有在遊戲世界中如何使用這三項機制。

49 http://www.gonehomegame.com

50 http://kotaku.com/5988751/what-in-the-world-do-video-game-writers-do-the-minds-behind-some-of-last-years-biggest-games-explain

51 http://www.businessinsider.com/robin-williams-on-golf-2014-8

52 http://www.slate.com/blogs/browbeat/2014/11/20/mike_nichols_dead_at_83_watch_three_of_his_best_scenes_from_the_movies_video.html

CHAPTER 08

千層關卡的英雄

探求行動、關卡及任務：剖析你的遊戲

這樣類比可能不盡完美，但我們可以說電影切分出的場景，就像書本中的章節，以及遊戲的關卡。我們就是透過這些分段內容來享受完整的體驗。

不是所有的遊戲都有截然可分的關卡，具有這些關卡的遊戲也不一定使用同樣的稱呼，也可能稱做梯次、擺局、任務、探求行動、回合或是階段，或借用被動媒體的命名法，把各關卡稱為場景、章節、卷冊或是段落。有些遊戲允許同時進行多個行動，並在各個任務都啟動的情況下穿插進行不同任務。例如《魔獸世界》的玩家可以一次執行最多二十五項探求行動，這對於容易分心的人來說會是很大的遊樂場。

不過，無論你怎麼稱呼遊戲的次單元，為了簡便，在此一律通稱為關卡。

當我們是遊戲玩家時，直覺上認為每個關卡都應該對遊戲玩法帶來一些進展，也就是能擴展行動的歷程。我們期望在完成一個關卡時不僅更接近破關，還在某方面有所加強，像是學到新能力、強化原有能力、獲得一件酷炫裝置、得知世界中的一個祕密，或至少能磨練技巧，在進到下一關時感到更有能力（和自信心）來執行任何核心機制，包括競速、跳躍、解謎、射擊、談判等。如果遊戲玩法上沒能獲取某種進展，就容易感到遊戲玩法的內容只是瞎忙一場。

而當我們身為觀眾的時候，也會期望每個場景或是集目為敘事帶來進展，強化我們的情緒歷程。像是主角變得更有見識、牽涉的後果變得更大，還有反派角色變得更可怕一點。如果故事沒有某些進展、不能讓人一直好奇想知道後

續發展，那麼我們就會批判它是「集目形式」（episodic），這在好萊塢是貶義詞。（近似詞是「兜圈子」和「白費時間」。）

不過，許多遊戲故事都會落入一個陷阱。幾年前，《益智方塊》承諾除了方塊遊戲外，也會有迷人的故事，為三連消式的《寶石方塊》遊戲玩法加入激勵人的對話，令人引頸期待。遺憾的是，雖然我們也喜歡這個遊戲，但結果不如預期。遊戲設置在常見的中世紀奇幻世界，因為欠缺強力的角色，而且子情節不斷迂迴重複，讓我們只想盡快點完對話框好進入下一場。（我們比較喜愛《漫威迷城》〔Marvel Puzzle Quest〕，因為它善用漫威角色，在故事片段還會有趣味的英雄與壞蛋較勁的對話。此外，裡面還有松鼠女孩！）

身為遊戲寫手，我們應該要向現代電視黃金時期的最佳節目學習。《絕命毒師》、《廣告狂人》、《法庭女王》（The Good Wife）、《星際大爭霸》、《火線重案組》（The Wire）、《陰屍路》等等多到數不清，繼續列下去會沒完沒了（還有《冷戰諜夢》〔The Americans〕啊！）這些都透過伏筆與後續呼應、複雜的反英雄角色，以及大量的鋪陳，讓我們一直看下去。

你要掌握遊戲的戲劇主軸，以及每個重要角色的成長弧、角色們的目標如何相互衝突、誰會背叛或拋棄誰，然後把故事一塊一塊、一層一層地陳列出來。你若是走進電視劇寫手的房間，將會看到一個大白板，上面列出每一集中的各個場景，甚至是整季的每個集目。遊戲開發者也有類似的關卡圖表（常掛在製作人或首席設計師辦公室附近的走廊上），詳細分解每道關卡的遊戲玩法細節。不過，遊戲愈來愈傾向由故事推動，綠美迪娛樂公司（Remedy Entertainment）的寫手兼製作人山姆．萊克說：「……在《心靈殺手》中，無論是對外部行動或主角內心掙扎戲的故事，設有不同的關卡都很重要[53]。」

我們是用敘事設計的方法來處理關卡設計。想想哪些因素推動故事，並想出各關卡內發生什麼事。就像是處理角色時一樣，要兼顧外部和內部兩者。關卡是什麼？關卡內是什麼情況？

關卡設計是故事設計

關卡就像是書本中的章節、電視劇的集目，或是電影中的場景。玩家透過玩過一道道的關卡經歷遊戲的敘事結構。以下是我們對關卡的定義：

關卡是限定範圍的環境，在這當中玩家／主人公必須達成一個或多個目標，才能繼續故事或遊戲，並進到下一道關卡。

關卡裡頭可能有些旁線的探求行動或是小型目標，結合起來組成該關卡的大型目標，它們也能兼具記錄點的功能，也就是可以儲存進度、並在角色死亡後回溯的時間點。各關卡的長度不一，有些只需要花幾分鐘來玩，有些則會讓你奮戰一小時以上。

關卡的敘事功能

關卡是故事的章節。你應該從小範圍開始，然後放大擴展，並持續擴展下去。戲劇性要隨著遊戲玩法逐漸增強。主角在每道關卡中有什麼成長？你的主角在每道關卡中有什麼目標？和玩家一樣，主角有全遊戲的目標（屠龍），但除此之外每道關卡也要有可辨識的不同目標。否則，就只是一關換過一關、漫無目的活動。徒有一番喧鬧，欠缺實質意義。

關卡、探求行動和任務應該在結構上有彼此相似的固定基本型態。主要故事有開端、中段和結尾，而每個關卡、探求行動和任務也要比照處理。

一旦界定出關卡的目標（要知曉你的結局！）就要設立出三幕結構：目標、轉折起伏和完結。或是正反合。又或者用標點符號來表示：

問號、驚嘆號和句號。

關卡的「問號」都是指玩家角色想要什麼。

「驚嘆號」是在該目標之前阻擋的障礙。

「句號」是完結。玩家角色是否達成目標？如果未完成的話，是受什麼阻撓？他有什麼反應？

阿ㄆㄧㄚˇ創作者給的線索

特雷．帕克（Trey Parker）和麥特．史東（Matt Stone）創造出惡搞劇《南方四賤客》（South Park）並以音樂劇《魔門之書》（The Book of Mormon）征服百老匯。（他們兩人也是遊戲愛好者，曾經跟暴雪合作創作出一集經典的《魔獸》主題《南方四賤客》內容。）幾年前，他們來到紐約大學說故事的課堂上，分享他們安排場景進展的祕密，這對關卡進展方面也提供同樣寶貴的見解。他們的祕密是什麼？

兩個詞：「於是」（therefore）和「但是」（but），（這裡要特別講明，是「但」不是「蛋蛋」的蛋喔。畢竟這裡提到的可是《南方四賤客》的人嘛。）

關卡之間的連接絕不該是「還有」（and）。要換成「於是」和「但是」：因為關卡A，於是有關卡B；或是，關卡A後，但是（驚奇吧！）還有關卡B。「於是」表示完成該關卡後有非預期的後果，「但是」表示下一關將出現更多跌宕變化的新資訊，計畫會出差錯，讓人必須為「接下來會發生什麼事？」調整策略。

故事和關卡，必須具有轉折點向前推進，使用「於是」和「但是」兩個詞可以幫你大忙。相反地，用「還有」會害慘你。你玩過多少遊戲的關卡目標讀起來是像這樣的：

1. 去拿古老彎杖，還有
2. 去拿塵封珠寶，還有
3. 去找生鏽頭飾，還有
4. 把這三個物品交給乾癟巫師重組成魯莽的憤怒法杖，還有
5. 帶著法杖去問題校區內的錯層式古老農莊神廟，還有
6. 用它來打敗咖啡因攝取不足的神廟護衛，還有

7. 最後進到第一座地下城……

不管遊戲玩法多麼有趣，這樣敘述很快就會變得無聊。《戰神》就有一點落入這個情況。感覺要完成無止盡的世間雜務才能取得潘朵拉的盒子，然後才跟阿瑞斯交戰。為什麼我們會覺得這單調乏味呢？因為多數關卡都是奎托斯拚命砍殺數百隻不吭一聲的怪物。這在遊戲第一大段很刺激，但後來就令人厭倦。遊戲缺乏最具戲劇性衝突的敵對角色，在許多關卡中，都沒有具備理智會說話的對敵。怪獸可能很酷、看起來恐怖、攻擊又很兇猛，但基本上也只不過是動物。

相反地，我們覺得原版《潛龍諜影》能轟動將近二十年，就是每層關卡的魔王都是一個不同的有趣角色。左輪山貓（Revolver Ocelot）、意念螳螂（Psycho Mantis）、狙擊手野狼（Sniper Wolf）、火神烏鴉（Vulcan Raven）……這些不僅能用來當做重金屬樂團名稱，也表示截然不同的個性（和能力），在遊戲玩法和情緒層面上都能對玩家角色固蛇（Solid Snake）帶來挑戰。

我們並不是說人對抗怪物、野獸或大自然就不是精彩衝突。這些確實也能具備效果，但它們在電玩製作上是簡單的事情。要創造真實角色則是充滿挑戰（希望你在讀完〈第五章〉後有覺得比較容易。）但卻很值得。人類對抗人類（或是外星人），會比瑪利歐踩踏啞巴蘑菇更吸引人、更具戲劇性。

我們在開發遊戲時，常常會省去一些戲劇細節，因而錯過很多機會。一旦把AI指派給特定的敵人類型、確保它看起來、聽起來、動畫運作起來都很好，我們就覺得大功告成了，卻沒有去想誰派出這些敵人的？他們跟玩家角色有什麼過節？這些手下被當砲灰時做何感想？

把各關卡想成是推進故事的「概念基石」。像是策畫旅行般把整段歷程規畫出來，不能只針對環境（雪之關卡、空之關卡、沙漠關卡……）安排敵人（雪怪、巨鳥、沙蟲……），也要注意我們的英雄角色會遇到誰、為什麼，還有會在情緒和遊戲玩法層面上受到什麼影響。

用卡片規畫

寫手經常會使用索引卡編寫故事。（近期，有些人也用編寫程式中的虛擬索引卡，但用的也還是卡片。）我們建議使用實體卡片。在每張卡片上寫下概念，包括場景、爭執、笑話、角色以及設置的構想。每個場景或是關卡使用一張卡片，這樣就能變換順序。可以用不同顏色標示場景的不同面向（如遊戲玩法、角色、環境等），而每個關卡有各種顏色各一張。要是少了一種顏色，表示該關卡的構想還沒完成。記得把金字塔格拿來搭配使用。

用敘事關卡設計打造你的故事。你可以在與關卡設計師一起建造世界的同時逐漸填補空白，由他們來進行布局、敵人和撿拾物擺放等等。

遊戲寫作跟多數寫作一樣，是個環狀的結構。你不是完全按照順序從頭寫到尾。而是邊摸索、邊往前往後分解故事。

就結構而言，每道關卡都有開頭、中段、結尾，然後接續到下一關。每道關卡的結尾都應該是故事的轉折點，把敘事引領到故事的下個部分。要在既有基礎上往上疊加。記住麥特和特雷說的：「於是」或「但是」。

要傳達設立關卡迷你故事的故事內容，這有好幾種方法，我們會在下一章談到。內容是一切的重點。

別想著玩家實行的活動，要想的是影響故事的「事件」。

◎分關卡的故事情節點：《最後生還者》分析

開始用關卡的角度分析遊戲，並注意關卡在整體遊戲故事中具備的功能。我們以《最後生還者》為例，來看看如何將故事情節點編入長篇幅的章節中。

以下是尼爾．達克曼所寫的《最後生還者》（各幕是我們自行區分。）

第一幕

關卡：前言

1. 喬爾和莎拉共同慶賀生日。莎拉送爸爸一只壞掉的手錶。
2. 當晚稍後，喬爾射擊受感染的入侵者。
3. 喬爾、莎拉、湯米（莎拉的弟弟）衝到車上逃跑。
4. 逃跑過程中撞車、受困車裡。
5. 他們跟湯米分散。
6. 軍隊在喬爾的面前開槍射莎拉。
7. 在開場文字出現的同時，我們看見病毒擴散、世界崩解、火螢勢力崛起。

關卡：隔離區

1. 二十年後，喬爾存活下來。他和泰絲在一起，尋找著武器和軍火商。
2. 他們從瑪琳（Marlene）那裡得知羅伯特（Robert）販賣槍枝給火螢。
3. 瑪琳表示如果喬爾願意幫她辦事，他們就能拿回槍枝。
4. 喬爾勉為其難地答應暗中把艾莉帶出城市。

第二幕

關卡：近郊

1. 喬爾不情願地扮演起父親角色來照顧艾莉。
2. 他們要離開城鎮時遇到巡邏人員。
3. 艾莉刺傷一名軍人。喬爾殺掉數名軍人。
4. 喬爾察覺艾莉對病毒免疫，可能會是病毒的解藥。

關卡：城外

1. 遊戲持續的過程中，喬爾處處反對艾莉。
2. 他逐漸開始失去焦點，再度嘗到擔任父親的感受。
3. 目標是要把艾莉帶去找湯米和火螢。
4. 喬爾設立規矩，表現得更像父親的樣子。

關卡：比爾的小鎮

1. 他們和老友比爾借車。
2. 為了用車，他們需要尋找零件。
3. 他們打跑「循聲者」（Clickers）。
4. 艾莉開車，在逃跑過程中，喬爾展現為人父的一面。

關卡：匹茲堡／郊區

1. 在開往匹茲堡的路上，喬爾和艾莉加深父女情。
2. 我們到了故事的中間點，喬爾有了變化。他不再是頑固的傢伙，而再次展現父愛。
3. 他們遇到路障、危機。
4. 艾莉拯救喬爾。
5. 艾莉殺了一名男人，彰顯堅忍和存活的主題。
6. 喬爾教導艾莉用槍。

關卡：湯米的大壩

1. 喬爾和艾莉跟兄弟檔亨利（Henry）和山姆（Sam）聯手合作。
2. 亨利不得不殺掉受感染的弟弟後自殺。

關卡：大學

1. 喬爾和艾莉找到湯米。
2. 喬爾找到火螢醫院。
3. 喬爾遭到強盜攻擊，和艾莉走散了。喬爾受了傷。

關卡：河畔度假區

1. 喬爾和艾莉躲入山區。
2. 喬爾瀕死。

3. 艾莉去為他覓食，但被人抓走。

4. 艾莉殺死監禁她的人，這時喬爾找到她並給予安慰。

關卡：公車總站

1. 春季，喬爾和艾莉抵達鹽湖市（Salt Lake City）。

2. 兩人被火螢巡邏員逮住。

關卡：火螢實驗室

1. 瑪琳告訴喬爾火螢想對艾莉動手術。

2. 手術會導致艾莉死亡，但她可能成為病毒解藥。

3. 喬爾殺掉火螢的人，並阻止手術。

4. 他殺掉瑪琳，並帶著失去意識的艾莉逃跑。

關卡：傑克森（Jackson）

1. 艾莉問喬爾發生什麼事。

2. 喬爾謊稱火螢找不到解藥。

3. 艾莉問他說的是真是假。

4. 喬爾撒謊，他說是真的。

5. 喬爾是名父親，不希望自己的小孩死掉。

關卡內必須發生什麼事？

每個關卡的外在故事情節點構成「情緒的歷程」，以此訴說遊戲故事讓我們看見角色的成長與改變。關卡內發生的事情是「行動的歷程」，也就是玩家參與並取得進展後才能繼續玩下去的遊戲玩法。

可以說，所有說故事都有關解決問題。電影和電視劇場景中，主角都會遇到一連串要解決的問題。例如《全面啟動》中，李奧納多．狄卡皮歐（Leonardo DiCaprio）飾演的柯柏（Cobb）與團隊人員面對各自不同、卻又在最後一幕裡透過「關卡」相互串聯起來。在《黑暗騎士：黎明昇起》（The Dark Knight Rises）中，布魯斯．韋恩面對很多問題：被班恩（Bane）打敗並身受重傷、被困在古老監牢裡，他「解決」問題後才能進到故事的下個階段。《地心引力》（Gravity）中，珊卓．布拉克（Sandra Bullock）飾演以「我恨太空」為口頭禪的萊恩博士（Dr. Ryan），她得要解決一連串困難的問題才能安全回到地球。這些電影的每個段落或是套路，都讓我們聯想到電玩遊戲的各關卡。當然一定有些動作橋段，但讓這些動作充滿戲劇性的是我們心裡支持的角色所面對的風險、以及他們所展現出來的情緒。

理想上，電玩遊戲的各關卡應該用同樣方式運作。有時候確實有，但卻常常不然。

我們認為關卡應該要做到以下幾點：

關卡要推動故事進展

敘事要隨每一道關卡擴展開來。要同時解答一些問題，並且提出新的問題。《生化奇兵》中，主角傑克要穿過關卡裡重重的致命陷阱並存活下來，邁向逃離銷魂城的目標。每道關卡都會讓他（還有我們）更了解安德魯．萊恩—這個打壓他的人，也更了解銷魂城這個瘋狂世界以及他自己。

關卡應該要有明確的目標

主要情節具有故事的主要目標：必須屠龍。每個關卡也都有各自的目標。可以在中途變換（驚奇是好事！），前提是這個目標變化是由敘事複雜性（新出現的難題等）推動著。玩家角色的目標要深深結合故事所在的世界，並且順著故事發展被帶出來。

理想上，你同時具有外在目標（跨越危險熔岩縫）和內在目標。內在目標可能是情緒層面的（克服對於火焰的恐懼、以及你覺得團隊成員會背叛的忠誠度考驗）或是有關於角色能力（學習跳得更高、學習如何打敗目前為止尚無法打敗的敵人類型）。

關卡能有多個或是小型的目標

各關卡可以細分成小型目標，讓玩家有一連串的任務或是遊戲中的行動。為提升戲劇張力，關卡目標要循序漸進加強。譬如關卡內有三個小目標，一個要比一個更難達成。不過，目標之間在敘事上要有所差異，並且符合故事的邏輯。《毀滅戰士》（Doom）和後代遊戲產生數百道迷宮式關卡，你的角色要在裡頭先後找出紅色鑰匙卡和藍色鑰匙卡，然後把兩張卡片放入插槽裡來開啟進入魔王關卡的大門。我們可以設計得更好，讓事情變得更有趣且更具互動性。

關卡要有魔王

「魔王」指的是在遊戲中阻擋玩家／主人公進展的最後阻礙，也就是該關卡最大的挑戰。關卡魔王常常是遊戲中的大型 NPC（例如《潛龍碟影》中的左輪山貓等）；魔王也可以是特殊的謎題或是環境挑戰（像是在時限以內解除炸彈、在三次額度內解開人面獅身獸的謎題。）

關卡要重磅起頭並迅即收尾

要盡可能快速地讓玩家進入遊戲玩法中的動作。如果使用了非互動的電影畫面或敘事工具介紹關卡目標，結束後就應該立即開始遊戲段落，才會比較吸引人。玩家角色不應該在接到任務後，還四處閒晃等待著事件發生。關卡要在最精采的遊戲玩法中結束，在目標一達成後落幕。

關卡要讓自主性步步提升

關卡的自主性要增加，這樣玩家才有遊玩的理由。做法可以是獲取更厲害的武器、技能、服裝、資訊等。也可以是增強能力。自主性沒有提升的話，也應該讓破關變困難，但不至於沒機會成功。玩家能力的成長弧要隨著玩家遊玩時間的增加而提升。

這點有特例。我們非常喜愛原版《戰慄時空》的一個轉折，是玩家角色高登・弗里曼（Gordon Freeman）被擄獲並卸除武器，然後被丟進廢物壓縮機中等死。這感覺起來是遊戲玩法的大倒退，扮演弗里曼的你要想辦法就地取材，不能使用先前用來迎戰重重敵軍的個人武器庫。這是很大的驚奇，也是打造關卡的好構想，而且很能搭配故事發展。壞人抓住弗里曼的時候當然會拿走他的武器。

關卡要提供角色新的見識

關卡要提供觀眾資訊，讓他們知道角色在關卡中有什麼感受。關卡對於角色的揭露方式，要能深化我們對於主人公和他所處世界的認識和認同感。《最後生還者》中，長頸鹿場景讓人耳目一新。寫手打斷動作橋段，並安插「父母帶孩子去動物園」這溫馨的一刻，在這個父女檔的故事中，喬爾和艾莉輕撫長頸鹿，這跟遊戲玩法無關，卻和故事密不可分。

關卡要有轉折點

關卡要有戲劇性的轉折點。如果一切都依照期望走，就會很無趣。為角色設立一個假的目標，然後反轉玩家面臨的情勢沒有什麼不對。《生化奇兵》的早期任務之一是要找潛水艇來逃跑。然後怎麼了？潛水艇爆炸啦！

關卡要埋下伏筆

最後面有任何伏筆嗎？帶領玩家前往下一道關卡時，有沒有比「你太棒了，成功破關」更豐富的內容？像是呈現更多挑戰如何？或者是把後續關卡融入當前的關卡。你能否在故事還有遊戲玩法上，提供一些後續發展的提示？

然後，最後一項……

關卡要有趣味

不然還玩什麼呢？

把你的點子融入遊戲引擎

不管是實際上已是遊戲寫手的人，或是立志當遊戲寫手的人，都要玩過很多遊戲。你要不斷地玩，並多多注意故事如何展開，還有世界怎麼呈現。你要培養出「引擎之眼」來磨練出一種直覺，用以判斷出特定遊戲引擎支援什麼樣的說故事可能性，以及哪些是不可能或不可行的。

想像看看，如果你在編寫一集由三台攝影機、聲效攝影棚所錄製的電視節目，像是《宅男行不行》（The Big Bang Theory）、《破產姊妹花》（2 Broke Girls）。你不會要求角色打開客廳裡的一扇傳送門，通往火龍棲息的異世界；或是寫出全員前往義大利阿爾卑斯山之旅的集目。你會受到節目預算還有攝影棚大小的限制。

遊戲引擎、以及針對這些遊戲引擎所創造出的關卡，也會有類似的限制。嫻熟的寫手或設計師會將這些限制巧妙融入故事中。《刺客教條》中，要是玩家跑到關卡的邊界處，就會有一層發光的牆阻止玩家前進，遊戲會告訴玩家這是因為記憶還沒有喚醒。要培養設計直覺，使用遊戲的關卡編輯器來創造內容是個好辦法。有些關卡編輯器附有寫腳本的功能，讓你能搭配遊戲玩法來創造故事內容。可以把《小小大星球》（Little Big Planet）系列視為包裝成遊戲的一套關卡編輯器。它能讓你在幾分鐘內整合出可玩的跳躍平面關卡。（然而，大多數的關卡編輯器沒有遊戲開發商的支援，也時常缺乏遊戲文件。如果需要尋求協助的話，可以上網搜尋由愛好者製作的教學內容和討論串。）

關卡設計衝擊傳統媒體

兩部成功的「電玩」電影，不是真的根據遊戲改編，它們只是模仿了遊戲的結構。《末日列車》和《明日邊界》感覺都像是電玩遊戲。它們都使用了關卡式結構，讓主人公必須先解決棘手的問題，才能繼續前行。《末日列車》講述的是一群從末世火車的尾部守車（caboose）中起義的反抗者，他們要前往列車引擎，車廂一節比一節還要危險以及更具戲劇性。《明日邊界》的主角（由湯姆・克魯斯〔Tom Cruise〕飾演）受困於如同《今天暫時停止》（Groundhog Day）的時間迴圈中。他要不斷經歷死亡跟重生，才能緩慢地接近拯救地球和跳脫迴圈的目標。這也是在還沒有《黑暗靈魂：電影版》（Dark Souls: The Movie）之前最接近該作品的故事。

我們說過電影不是電玩遊戲，電玩遊戲也不是電影。但世界上吸收內容的多數觀眾在遊戲的陪伴中長大。就像是多年來遊戲創作者借用電影技法一樣；熟悉遊戲的製片人，也要會用互動式說故事法來創造出不同凡響的新電影。

龍之試煉之八
層層升級

1 分析關卡

學習任何事物的好方法就是對其做逆向分析—把它拆解。我們要你對遊戲關卡進行逆向工程。找一個你喜愛的遊戲，然後用你能快速通關的難度來玩。

選定一個關卡，並在遊戲日誌中列出：該關卡發生什麼事？是否有開頭、中段、結尾？玩家角色玩了這道關卡後有什麼改變？玩家角色在這關卡裡有什麼目標？他成功或是失敗？

2 為你的遊戲寫下各關卡綱要

你已經能夠應用所學把你的遊戲提升到下一個層次啦！

首先架設出你的故事大綱和角色的骨幹。為你的遊戲取個好名字，然後寫下：

1. 情節摘要，共二到三個段落。
2. 角色人物（至少要有玩家角色和對敵）。為每個角色寫下二到三句話的描述。
3. 用三到四句話為每個關卡（或探求行動或任務）寫出關卡描述，要包括故事和遊戲玩法的角度。
4. 摘錄你遊戲中的遊戲玩法。描述核心的遊戲機制。這些怎麼融入你的故事？在遊戲進展的同時，故事怎麼演進？

53 http://www.theguardian.com/technology/gamesblog/2010/apr/30/alan-wake-remedy-sam-lake

CHAPTER 09

利用敘事設計工具箱建造世界

影視寫手根據一條比較明確的線性路徑來完成作品。原創影視的寫手將作品販售到市場上；或者是受雇為工作室撰寫指定的內容。接著可能會由擅長對白的影視寫手來加強對白、由動作寫手寫動作橋段、由笑話寫手精修喜劇部分。原創的寫手有可能留下，但通常不會。不過我們認為具代表性的幾部當代電影如《黑色追緝令》、《刺激驚爆點》（The Usual Suspects）、《不羈夜》（Boogie Nights）、《黑金企業》（There Will Be Blood）……主要都是由寫手推動而成。這些編劇開發構想、寫出內容，接著發行到市場上，讓作品被製作出來。電視寫手可能會投售點子並將它賣到聯播網。如果點子被選中了，就再聘請一組寫作人員，每人都對撰寫節目貢獻一己之力。電視寫手可能也是劇集總監（首席製作人），或是數名寫作人員之一，又或是自營工作者。在影視的世界裡，寫手定義自己角色的方式有限。

《無敵破壞王》、《神偷奶爸》（Despicable Me）、《冰河歷險記》（Ice Age）系列、及任何皮克斯電影等等，這類電腦生成（CGI）的動畫電影，它們的寫手與電玩遊戲寫手的世界最相似。兩者都需要跨界團隊操用複雜技術，並且在企畫進行的過程中不斷提升和調整技術。CGI動畫製作和電玩遊戲界常有這樣的說法：「在飛行的途中建造飛機。」

在這個世界裡，寫手從企畫之初就加入合作，但也受到創意製作人或製作團隊的指導。寫手可能接著寫出完成的腳本或是各個場景，而動畫團隊則製作出動畫樣片（animatic）來評估場景是否可行。

動畫電影不是由想要將點子販售成電影的寫手寫成。寫手不會投售給動畫電影（除非是根據已存在的智慧財產，如克瑞西達・科威爾〔Cressida Cowell）《馴龍高手》書籍）。動畫電影就像電玩遊戲，是由公司內部開發，有時候會聘請寫手根據電影發展，長時間為公司工作。

隨著互動式敘事演進，遊戲寫手的角色也跟著演進。不用在意這裡講的各種頭銜（創意總監、首席編劇、敘事或內容設計師，這些在每個團隊裡的安排都不一樣），本章節要談的是電玩遊戲寫手實際做的事情，以及討論寫手在專注於這個反映遊戲發展的工作程序時，有哪些工具可以使用。

遊戲不是被撰寫出來的，而是被開發、被打造出來的。遊戲是協作的產物。

寫手參加電玩遊戲公司的選拔時，很可能需要繳交作品樣本。吉爾・默里（Jill Murray）原本是專寫青年小說的小說家，後來轉行成為遊戲寫手，並且以《刺客教條3：自由使命》（Assassin’ s Creed: Liberation）得到WGA提名。也有一些寫手來自影視背景，但多數電玩遊戲寫手長期都在編寫電玩遊戲，透過「執筆」的功力取得當前的職位。

無論你的寫作資歷為何，在開始寫作前，要知道以下這幾件事情。

遊戲概念文件

電玩遊戲跟動畫電影一樣，通常是由公司內部開發。創意總監可能會與首席編劇合作開發出「遊戲概念文件」（game concept document , GCD）。這可以是拿來向發行商投售的文件，準備擴大規模的遊戲製作團隊也會用到，這就是冒險的概念「權威書」（bible）。在電視圈裡，權威書是描述節目、主題、角色並陳列出第一季起故事要從哪開始發展的文件，或許還包括更多內容。羅納德・摩爾（Ron Moore）在《星際大爭霸》的權威書裡寫下了包括任務陳述、世界的詳盡歷史，還有其他你能想到的一切內容。在讀完他的權威書後，你會不禁讚嘆摩爾在系列作品中設想的精細程度。

肯・萊文為《生化奇兵》所寫的推銷簡介中，把該遊戲稱為「第一人稱動作驚悚片[54]」。其後繼續寫道：「《生化奇兵》是結合宗教狂熱和科學發展失控的現代夢魘」。閱讀這份文件時，也許無法讀懂裡面的各種稱呼，但能辨識出遊戲的語調還有精神，這就是遊戲概念文件的主要目的。你的GCD裡包括：

> 必須先知道，才能用來撰寫遊戲的事物，這些不見得會出現在遊戲設計文件（game design document，GDD）上面，而且也不一定是由你來寫遊戲設計文件。
>
> 我們會在第十二章後面的練習，討論你要怎麼統合出你的GCD。

GameFly遊戲推銷簡介

你必須能夠用幾句簡短的話概述你的遊戲。我們把這個稱為GameFly簡介（因為我們喜歡這個遊戲租賃訂閱服務），你也可以稱它為「盒裝背面」簡介（或是 Steam簡介、Amazon簡介……）。假設你想要找一款沒聽過的新遊戲來玩。當你在創造新遊戲時，就是在創造除了你和團隊成員以外沒有人聽過或看過的世界。你要怎樣描述？這個嘛，從GameFly網站上面寫的想像看看：

> 《教團：1886》（The Order: 1886）是一款野心勃勃的動作冒險遊戲，場景設在架空的倫敦世界，這裡沒有迷人的女士或是維多利亞風格的男士，《教團》的倫敦充滿了駭人的怪物。在這裡，歷史圍繞在人類與這群半人猛獸之間的戰鬥。你扮演的角色是加拉哈德（Galahad），也就是亞瑟王設立的古老騎士教團的一員，發誓要保衛倫敦的民眾。幸運的是，你的騎士伙伴們也會助你一臂之力，你將可以使用一堆威風的蒸汽龐克式科技裝備、開齊柏林飛船、使用無線電通訊，並向怪物仇敵發射特異武器[55]。

這裡需注意幾個開展推銷簡介時應該納入的詞彙：要有標題，還要有類型。記住，遊戲玩法的類別（平台遊戲、格鬥、RPG 等）會決定遊戲類型。在這個例子中，「動作冒險」是很廣泛的種類，但基本上代表會有多種機制，不只是射擊或者是在平面上跳躍。

也要有故事、大綱，以及「對前提的承諾」，說明這個世界還有玩家要做的事。「你扮演」一詞對於遊戲推銷簡介相當重要，因為你必須告訴玩家主要角色是誰。

你可能會反駁道：「可是我的遊戲是獨立遊戲！」那很好。獨立遊戲更需要出色的描述，因為無法利用電視廣告或是大篇幅媒體宣傳。以下是《塔羅斯法則》（The Talos Principle）在 Steam上的摘要寫法：

> 《塔羅斯法則》是第一人稱的解謎遊戲，使用傳統的哲理科幻故事背景，由創造《重裝武力》（Serious Sam）的Croteam公司所開發，編劇是湯姆．朱貝爾（Tom Jubert，寫過《超越光速》［FTL］和《移魂器》［The Swapper］）及喬納斯．基拉采斯（Jonas Kyratzes，寫過《海將吞噬一切》［The Sea Will Claim Everything］）。你宛如從深層睡眠中清醒，發現自己身處於一個古代遺址和先進科技並存、矛盾又陌生的世界。你的創造者交付你去解決一連串謎題，一件比一件複雜。你要決定是否堅守信念；或是轉而提出更艱難的問題：你是誰？你的目的是什麼？你打算要怎麼做[56]？

（很高興看到列出寫手的名字並給予肯定！）

如果你真的很想磨練技巧，就開始讀（還有寫）App 商店和 Google Play 商店上給手機遊戲的一到兩句話描述。這是行銷的大難題，你基本上只能透過小小的方塊圖片和一兩句話（外加一個好的遊戲名）吸引瀏覽者的目光，並讓遊戲受到注意。

遊戲玩法+故事+你，是簡短遊戲推銷簡介中必須具備的三項要素。

但也別忘了，你要建造出玩家會想要遊玩的世界。

想像你自己的世界，而非他人的世界

寫出優秀的電玩遊戲，是建造壯觀世界的技藝。遊戲外觀（指的是美術設計，而不只是圖形顯現的技術）對於沉浸式體驗來說十分重要。這並非像是《哈比人》第十五部續作的預告片那種吸睛內容；而是會讓玩家／觀眾想要探索和參與其中的吸睛內容。只是，吸睛內容看久了就都千篇一律。我們雖然喜歡吸睛內容，但更喜愛絕妙的點子。

這樣說恐怕會惹怒眾多開發商、好友和粉絲，但我們覺得是時候該有人站出來說出以下這點：

太多遊戲都跟其他一堆遊戲太像啦！

我們在這所說的不只是美術設計。我們也指遊玩風格、遊戲設計以及主要的世界設計。數十年來，開發商愛上了他們在書上讀到的世界（托爾金書作），或是在電影看到的（喬治・盧卡斯〔George Lucas〕執導作品），或是玩遊戲時玩到的（又是受《魔戒》或《星際大戰》啟發的開發商作品）。以創意層面來說，這就像是一條蛇在吞噬自己的尾巴。我們要讓媒體成熟的話，就要終結這點（這在後續會詳細說明。）

你會讀這本書，就是因為你知道自己心中有個作者魂。因為你想要表達自我。

很棒。表達「你」的自我。讓我們看看你腦內的世界。

你不用表達托爾金或是盧卡斯或是史丹・李（抱歉啦，史丹）。他們才不需要你的幫忙。

在每個段落，都要問問自己為什麼想要帶領玩家到你的世界。你想要讓他們看見什麼你認為他們該看見的內容？確實，喬治・馬丁（George R. R. Martin）的《冰與火之歌》有類似於中土世界之處，但馬丁的世界比較無關於魔法（但還是有龍），而更側重政治角力。馬丁的角色更熱中掠奪且顯露人性。問問自己，你想要的是如實反映出你認為的世界，還是你所期待的世界？你的世界有哪些物理上的特徵？看起來如何、聽起來如何？環境中有什麼？玩家能做什麼事？有哪些資源可以捕獲和搶奪？是有魔法的世界嗎？使用什麼科技？

就算你想要把世界設置在「現實」上，你也必須根據主題決定你想用的基調。《俠盜獵車手》遊戲場景設在今日的「真實」世界，但這世界摻入了當地居民憤世嫉俗的行為，還有創作者黑暗的諷刺觀點。

製作地圖

除了要「運用卡片規畫」戲劇結構，你也能運用地圖的方式畫出世界。把地圖想成是故事的遊戲圖版。你的英雄角色今天要去哪歷險？

誰住在哪？誰付租金？誰是老大？

你的遊戲是否有個適玩的角色（像是《戰神》和《古墓奇兵》），還是玩家可以選擇各類別的角色或替身？這些角色都是故事世界的一環，你應該知道每個世界和全部的角色。你的世界中住有哪些人？人民怎麼活動或是不出來活動？在地理上或是哲理上也有種族、宗教、物種、性別的區別嗎？世界階級制度是怎樣？有規則嗎？土地有法律規範？每支種族都有自己的歷史、勢力？寫出來。開始打造出你的權威書。

我是誰？我的身分是什麼？

在談角色的章節中，我們說明了開發主要角色的方法。寫手是遊戲的第一個玩家，不僅要問「我是誰？」，也必須問「我的身分是什麼？」主人公的背景故事為何？他的目標是什麼？他渴求什麼？為什麼？哪些人是 NPC、幫手、敵手和丑角？他們對於主要角色的態度如何？

裝填你的工具箱

文字和圖片是編劇用來說故事的工具。寫手可以在頁面裡放上能傳達狀況解析和資訊的影像給觀眾看。例如，一名男子下班後回家。鏡頭轉向，讓觀眾看見他發狂的哥哥等在屋內，手持一台砂輪機。觀眾便得到了資訊，並且感覺到懸疑的氣氛，好奇接下來會發生什麼事？

互動小說寫手擁有的工具箱，比劇作家或影視編劇的要大得多。我們電玩遊戲寫手有許多獨特的工具可以操用。無論我們使用哪些工具，都是為了達成同樣目的：讓玩家參與故事。這不表示你要像是餵食嬰孩般把所有資訊交給玩家。只要給他們線索，讓他們自己算出二加二等於四。不要直接說出答案，讓狀況解析隨故事展開而呈現出來，這就是灑麵包屑的說故事法。

打散寶貴資訊：以背景故事為遊戲玩法

當你在一道關卡或是整個遊戲當中置入一些看似隨機的片段資訊，就會成為讓玩家自行拼組的謎題，一旦他們找到足夠資訊，便能統整出先前所發生的事情。用打亂寶貴資訊的方式來訴說背景故事，這就是以說故事為遊戲玩法，雖然在時間順序上不連貫，但卻令人更有滿足感。這不是新的做法，我們在散文中就看過，也在《黑色追緝令》、《記憶拼圖》等電影中看過；也常在探索遊戲看到這種手法，像是《親愛的艾斯特》（Dear Esther）、《瑟琳娜》（Serena）。而在《生化奇兵》中，把交代銷魂城淪落的背景故事收錄到玩家可自由選擇蒐集的錄音帶是很有效的做法，而且能傳達出詭譎氣氛。就像是希區考克型的恐怖片，觀眾在腦海中自行構建出的景象，遠比實際能在遊戲裡展示的更陰森可怖。

每個故事都是推理劇，或者說應該是推理劇。不管你用什麼場面說故事，故事必須提出問題。接下來會發生什麼事？為什麼會發生這樣的狀況？實際上究竟是怎麼回事？為什麼我明明要求她不要做，她偏偏還是做了？隨著故事展開，或是玩家在遊戲中繼續玩下去，他們就會蒐集著「麵包屑」，跟隨著敘事線索找出資訊得到結論。

盒子

這裡，我們講的不是可以打爛的箱子，而是遊戲的實體包裝盒。這個工具已迅速沒落，因為大眾已經漸漸改用數位下載。就像街機遊戲機台上卓越的櫥櫃藝術（可參考《大蜈蚣》〔Centipede〕和《飛彈指揮官》〔Missile Command〕的優秀範例），好的遊戲盒子能充分講述遊戲世界及情調，而不只是在包裝背後有精美的畫面縮圖。現在，「遊戲盒子」已成為數位下載商店裡長長清單上並列在遊戲標題旁的一張小小縮圖。就像是黑膠唱片專輯封面，我們緬懷這些式微的美麗盒子。

載入畫面

載入畫面指的是新關卡載入電腦記憶體時，螢幕上顯現出的畫面。這是寫手能將遊戲資訊傳達給觀眾的好時機。載入畫面可以放上遊戲玩法的訣竅和提示，如果經過有效安排，還能讓玩家不斷想著故事和世界而沉浸於遊戲世界。載入畫面上可以引用遊戲角色說的話，或是提供有關後續發展的資訊。總之，這個原本空白無內容的畫面可以成為讓玩家「持續入戲」的機會。

互動之物

電話、報紙、日誌、照片及玩家從地上撿拾起來閱讀的信，都可做為互動之物，有時也稱為「可點擊物」或是「可蒐集物」。這些能夠提供遊戲線索，或是交代背景故事，像在《生化奇兵》遊戲裡的錄音檔。偵探遊戲《黑色洛城》的玩家很快就會注意到NPC遺留下來的每個物件都是故事的細節資訊。

G.U.I.

圖形使用者介面（Graphical User Interface）是螢幕上用來連通你和遊戲世界的項目。裡面包括你所需要的資訊，像是微型地圖、健康血量或是彈藥計數，在遊玩時顯示玩家狀態。這常常會把你抽離遊戲世界。（遊戲開發者多年來努力要縮小置頂的GUI、讓視覺效果更美觀，甚至能把它隱藏，只在玩家喚出時才會出現）。不過，GUI 也能夠用來協助說故事，有些GUI和遊戲中某個時刻的故事線有緊密且重要的關係，或是提供世界的背景故事。《質量效應》的玩家可以叫出玩家選單，盡情地閱讀每一個他們探索過的豐富世界史及已知的宇宙歷史。我們最喜愛的一個GUI主題設計是《異塵餘生3》和《異塵餘生：新維加斯》（Fallout: New Vegas）裡面的Pip-Boy 3000穿戴式電腦。這是玩家選單沒錯，但是它的設計主題和喚出選單的設計就和在遊戲世界中一樣，穿戴在角色的左手前臂上。

文字團

這相當很常見，在RPG中點選任務賦予者，就會讀到任務要求。這些任務賦予者的要求以及這些要求如何與遊戲世界相關，總是要從故事脈絡中提供出來。

我們把這些稱為「可讀內容」。問題是，它們很無趣。這些內容有空間限制，可讀性也可能成為問題。《迷霧之島》就有這個狀況，螢幕上有密密麻麻的字，以點陣圖呈現羊皮紙上手寫草書的內容，簡直像是一份《美國獨立宣言》淋雨後皺巴巴的樣子，閱讀起來很吃力。在《魔獸世界》中，有一大堆書本可以閱讀，內容是幫助玩家了解形塑該遊戲的各式角色和事件的長篇背景故事，讀完這些書就可在遊戲中解成就（in-game achievement）。但你不應該這樣收買玩家參與你遊戲的世界背景故事（傳說）。

語音提示

去一座車站並啟動電腦螢幕，上面可能會顯現訊息，訊息可能被朗讀出來，也可能要自己閱讀。點選 NPC——他可能告訴你更多資訊。在《傳送門》中，GlaDOS 是不可靠的敘事者，她就像是《刺激驚爆點》裡的凱撒．索澤（Keyser Söze）一樣不值得信賴。

配音旁白很常見，一旦我們進入到有配音旁白的場景，玩家就會想著：「唉唷，配音旁白來了！我知道這裡的狀況啦。」旁白的問題在於那是「說明」而不是「展示」。不過，《生化奇兵》等遊戲的配音旁白真的處理得很好。

對白

對白是一項基本的說故事技巧。不管是聽見旁人交談的對白，或是和玩家角色說的對白，都是非常直接且帶有情緒的說故事方式。不過，安排對白可能會很耗費資金，因為要選角、錄製配音，還要支付費用給所有相關人員。如果打算銷售到國外或其他地區，會需要更高的成本，因為必須翻譯腳本及聘請專人重新錄製成適合的語言。如果不重新錄製，而是替銷往非英語地區的版本加上簡單的字幕，開銷會比較小，但也不是完全免費。

此外，互動對白有個難處，也就是編寫上要能預測玩家所有可能的反應。譬如，要是你在角色扮演遊戲中去找任務賦予者，在他們開始重複自己說的話那一刻起，「第四道牆」就破功了，使沉浸式的體驗無法維持下去。以下是一個非常簡化版本的任務賦予者對白樹狀圖。

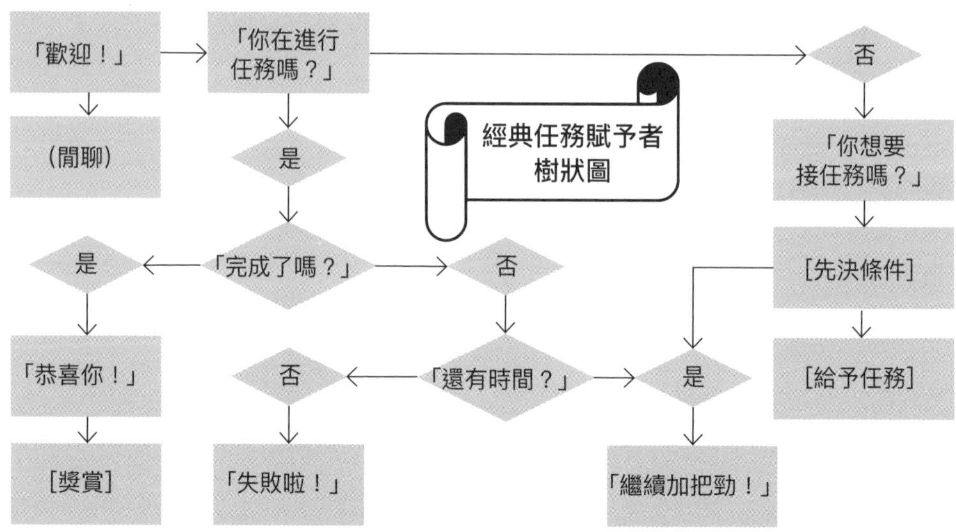

如你所見，要是你和該NPC的互動很冗長或是重複，就會聽到重複的對白，感覺不像和真人對話。開發者還在摸索如何在設計上解決這個問題。

道具和布景：品評細節

道具和布景是用來傳達故事資訊的一大有效方式。在電影中，當必須拿著鏡頭拍攝視覺線索，就可能有打斷場景流或是序列流的風險；相較之下，遊戲能讓每位玩家依照自己的步調移動和觀察事物。玩家可以自行決定移動的多寡，所以是屬於更具互動性的體驗。玩家能獲得發現資訊的喜悅，而不是被動地接收資訊。在《惡靈勢力》遊戲中少有的閒置時間裡，你可以搜查安全屋子裡由其他倖存者留下來的手寫訊息。

透過環境來傳達故事資訊的缺點是，玩家很容易會漏掉這些訊息，除非你有一些特別的安排來凸顯資訊（像是上面有個浮空的箭頭，或是用發光的框框圍繞），但是這麼做也會失去沉浸感。所以，這個工具最好用在傳說上，但不要太常用於對達成任務極為關鍵、玩家必須知曉才能通關的資訊上。

採用電影畫面或是跳過剪輯場景！

二〇〇八年最熱門的遊戲中包括協作式射殺殭屍遊戲《惡靈勢力》。這款遊戲有任何故事可言嗎？我們認為有的，不過故事不等於情節，因為它的情節很簡單：殺掉殭屍求生存。故事世界是一個陷入混亂的城市。你進入這城市的混局中，有四名隊友。你們彼此互不認識，但為了存活必須學習互相合作。這故事的一部分樂趣在於找出為什麼這世界會淪落成殭屍末日狀態。《惡靈勢力》的開發商維爾福公司巧妙運用幾項我們先前提過的說故事工具。

它在遊戲開頭以外，沒有其他地方使用剪輯場景。只有在開場時有一個類似做為新手教學的剪輯場景，接著你就進到混戰中，要自生自滅。

電影畫面的青銅世代

一群不熟悉寫作的遊戲開發商，大概會告訴你他們最常用的工具就是電影畫面。他們想要把所有說故事的部分都塞入電影畫面中，因為他們了解電影，並且相信能夠利用電影畫面單方面向玩家說話、減少玩家互動。我們看過一些例子，像是《潛龍碟影4》和《刺客教條》，在長篇對白場景內有許多狀況解析的橋段，這時能對螢幕做的控制極為薄弱。你可以讓《潛龍碟影4》環境發出聲響。在《刺客教條》聽講任務內容時，你可以讓角色跑來跑去還有做出打鬥動作，但這沒有意義，並無法改變遊戲或是故事的結果。

所以，剪輯場景算是傳統的非互動式電影。它的好處是已經習以為常，所以觀眾馬上就能理解這是需要多加注意的故事段落。壞處是非互動性，玩家的專注力維持不久，很快就會浮躁不耐煩。因為他們選擇玩遊戲而非看電影是有理由的——他們想要與螢幕上的內容互動，而不是被動觀賞。

寫出精采的電影畫面

有一個經常耳聞的說法是，玩家痛恨剪輯場景，巴不得直接跳過。我們給遊戲寫手的挑戰是寫出好到足以攫住玩家的興致、讓他們不想跳過的剪輯場景。把角色製作得立體、讓視覺有趣。這其中仍大有可為，同時懂電影和遊戲的出色寫手能夠繼續提升剪輯場景的品質。

暴雪的首席編劇布萊恩．金德里根（Brian Kindregan）表示，電影能讓角色更人性化，這是看著螢幕上精靈四處飄移所無法得到的效果。電影畫面讓玩家離開了基礎的世界地圖，並進入動作的核心，藉此玩家可以體驗到故事情緒的「最大衝擊力」 。我們贊同。想讓故事提升品質，電影畫面品質就要跟著提升。我們必須把這些從「跳過」變成「必看」，要這麼做有幾種方法。

確保你的剪輯場景不能被剪掉

第一個要問的問題是為什麼你要寫出剪輯場景？如果只是要顯現酷炫的世界，可以在遊戲玩法上達成。你的剪輯場景至少要達成以下三項之一，能三項皆做到是最好的！

推進遊戲的敘事：剪輯場景應該要將故事向前推進。事情必須有變化。你會很驚訝有多少剪輯場景只是用來填充解析內容，而沒有推進故事。好的電影畫面是精彩畫面，而不是像播報新聞。

揭露角色：在這個能採用面部動作捕捉技術的時代，剪輯場景讓我們能夠透過演員的表演傳達出角色的情緒狀態。這些角色受到什麼推動力？他們有什麼「鬼魂」？為什麼他們會有這樣的行為？

向玩家提供關鍵的視聽資訊：剪輯場景可能讓玩家角色有任務要做，或是要求他們去指定地點。傳達出的資訊愈長，場景就愈拖泥帶水。舉例來說，假設任務說明是要玩家去尋找孤兒院走失的幼兒，使用剪輯場景的最佳方式就是讓人看見嬰兒、聽見嬰兒的聲音。其他剩下的資訊，包括孤兒院的位置、哪個窗戶沒鎖上、哪名保全人員擅離崗位去抽菸，最好是透過即時配音旁白、文字或是其他方法表達。

誰想要什麼？

場景應該要像是小型的戰鬥（或是談判和引誘）。有人會贏，有人會輸。隨時要想著場景中誰想要什麼。你的角色想要情報嗎？哪些情報是推進敘事必要的狀況解析？透過努力得到的說明比直接給予的更好。我們認為一次就輕易給出太多情況解析，就等於場景失敗。若是場景中有人想獲得某個東西，就要安排有人不想給他做為平衡。

設置和反應

電影是大型事件，會有狀況發生。《星際異攻隊》 的各式角色逃脫監牢。他們有個大型的打鬥場景，這就是「套路」（set piece）。可以把遊戲玩法想成是大型的套路，差別在於你這名玩家也是其中一部分。例如，想像任何一部《玩命關頭》（Fast and the Furious）電影，飆車動作場景非常好看，令人提振精神。在互動敘事中，玩家感受和經歷到那種刺激感。這就是剪輯場景可派上用場的時刻。剪輯場景應該用在設置以及反應的場景中。它們要為即將發生的遊戲玩法（戰鬥）進行設置。可以把這些想成是電影中大場面發生之前的預備，像是在一場拳擊賽或是婚禮之前，我們透過設置場景得知角色即將進入戰鬥前的感受——他們有什麼期待。在電影裡是看見動作，遊戲中則是演出動作。設置場景讓玩家做好準備並推動玩家。

反應式場景針對剛發生的遊戲玩法顯現出情緒反應和後續效應。有人在戰鬥中死亡嗎？讓你的主人公在剪輯場景中做出反應。他對此感到憤怒嗎？他對於自己所做的事情感到困惑嗎？很好。讓他感到緊張、害怕、困惑。讓他對於身旁展開的情境有所反應。這能在情緒層面讓角色變得深刻，遊戲本身也是。

異變（whammo）是什麼？

在一個良好的場景中，常常會發生這樣的事：一名角色想要某件事物，但發生了狀況讓故事朝另個方向發展。值得記住的一個原則是：事情都依照期望走會很無聊。《生化奇兵》早期有個很棒的時刻，就是在你已經通過好幾關和玩了好幾個小時的遊戲，終於見到能讓你離開銷魂城的潛水艇，而當你走近潛水艇時……它、爆、炸、啦！這就是異變！《終極警探》的製作人提到電影每十分鐘就要發生一次異變，讓故事轉向新方向。遊戲中，你要安排異變來轉動故事以接續新任務、新的探求行動或是新關卡。

◎遊戲寫作的軟體

請使用編劇軟體。你需要用它來寫電影場景。坊間有很多免費程式（還有Word範本）讓你自動調整好，以符合影視需求的嚴格格式規範（沒錯，多數電影畫面腳本就像是劇本一樣，經過撰寫和重新編寫）。多年來我們使用 Final Draft（finaldraft.com）來製作腳本專案，這是被普遍接受的業界標準。我們也使用 Celtx（www.celtx.com），效果也很好。但目前來說，這些是編劇專用的套件，並不支援你之後在開發電玩遊戲需要用到的眾多其他格式。

在電玩遊戲對白方面，業界長年來都是使用Excel，也就是微軟常見的試算表程式，不過任何優良的試算表程式也行，像是Google試算表或是Mac用的Numbers。試算表在文字格式設定以及執行低階資料庫運算的靈活表現，讓它特別適合用來寫非線性、依照程序產出的電玩遊戲對白。

有些相對來說較新的程式，專門用來因應敘事和內容設計師的需求。Chatmapper（www.chatmapper.com）感覺很有看頭，尤其是用在非線性對白。Articy:draft（www.nevigo.com/en/arti-cydraft/overview）據稱是遊戲設計軟體加上故事軟體的二合一軟體。

演技和對白——找錯冤家

我們覺得極為煩人的一點，是遊戲評論家抱怨「配音差勁」。根本沒有配音差勁這一回事。他們真正在意（卻不自知）的是「對白差勁」。這並不是配音員的錯。究責的對象應該是寫手和製作流程

編寫遊戲對白非常複雜。傳統遊戲製作流程很不適合產出好的對白。

記得，在多數遊戲中，就算是各方面頂尖的3A作品，傳統、線性對白場景遠不及非線性、依照程序播放對白的數量。這些對白稱為「響亮短句」（bark）。很難撰寫、很難導引、很難表現，而且往往成為粉絲抱怨「配音差勁」的焦點。

下次玩遊戲時，多注意口說的音效。在關卡中途，雖然也可能在遇到NPC或是殺掉小型魔王時觸發剪輯場景，但你聽到的大多數NPC或是玩家角色的對白，是由遊戲發生的事件觸發。還記得我們提到的「要是—那麼」陳述句吧？假設我們正在玩一個有關會計師的第一人稱射擊遊戲——《稽查小隊》！你的玩家角色是四人團隊中的一員，朝向敵方地盤移動（對手公司的辦公

室）。你會遇到的幾種狀態如下：

- 你發現彈藥
- 隊友發現彈藥
- 你找到補包
- 隊友找到補包
- 你發現敵人
- 隊友發現敵人
- 你開槍
- 隊友開槍
- 你受傷
- 隊友受傷
- 你死亡
- 隊友死亡
- 敵人發現你
- 敵人開槍
- 敵人受傷
- 敵人死亡

因此，我們輕鬆找出你玩遊戲會遇到的十六種狀態。現在來寫些響亮短句：

- 你：「我找到一些彈藥了！」
- 一號隊友：「我找到一些彈藥了！」
- 二號隊友：「我找到一些彈藥了！」
- 三號隊友：「我找到一些彈藥了！」

就算有四種不同聲音，這很快就會變乏味。讓我們為玩家角色增添一些變化：

- 「這裡有些彈藥！」
- 「看，是彈匣！」
- 「好耶，有彈藥！」
- 「正合我意！」

你覺得這樣有很多嗎？想想看關卡中設計師會擺置多少可撿拾的彈藥，還有自己（自願或是不得不）重玩該關卡時會找到多少次彈藥？五種不同版本的

「我找到些彈藥！」夠嗎？十種呢？

現在，考量還有其他三名隊友撿到彈藥。所以我們也要為他們每人寫出不同版本，對吧？這樣可有好多口說台詞！我們究竟要怎麼一一記錄好？

現在你開始了解為什麼遊戲對白會迅速增長了吧。遊戲對白最常以試算表或是資料庫格式寫成（且都是以此記錄）。響亮短句往往重複、通用。你要怎麼用特定角色的語調寫出十種不同的「我找到一些彈藥了！」（怎麼樣確保一號隊友的台詞聽起來像是一號隊友；而不是二號隊友說的？）

你要怎麼讓每個聲音截然不同？要怎樣讓每一句盡可能簡潔，同時不失去味道？

這是寫手會遇到的問題，也是程式員、遊戲玩法設計師、關卡設計師、音效工程師和配音員（沒忘了他們吧？）會遇到的問題。

演員在劇院受訓。他們學習閱讀線性腳本，學習即興表演，學習在口語和動作上彼此搭配表演。他們受的訓練是經歷當下情緒的真實（方法演技在美國仍盛行）。

現在，找來同一名受過古典訓練的演員，讓他單獨進錄音室，給他試算表列出要講的台詞清單。幸運的話，在口說台詞旁邊有一欄解釋他要傳達出的情緒（像是「害怕」）。他要超級幸運，寫手或是創意總監才會同時也在錄音室裡，旁邊還坐著工程師，可以回答配音員問的問題並且「指導」錄音。

但是，通常配音員沒有這麼好運。影視編劇算是幸運的，因為只要寫一句硬漢台詞。遊戲寫手要寫好幾十句，而且：

- 要像該角色（玩家角色或是 NPC）的聲音。
- 要簡短。

克林．伊斯威特（Clint Eastwood）在《緊急追捕令》（Dirty Harry）中的台詞說道：「我幸運嗎？你說呢，小子？」，或是山謬．傑克森（Samuel L. Jackson）唱的歌曲《以西結書25:17》（Ezekiel 25:17），只有出現在長獨白的脈絡下才有效果。遊戲角色的對白愈長，就愈容易將玩家的注意力帶離遊戲玩法。

理想上，對白應該必須傳達出角色在特定時刻的感受。

不管在遊戲或是電影，良好的對白都是角色情緒的DNA。能夠揭露出他們是誰。聰明的人喜歡炫耀檢定考試級語彙、機靈的人能活用他的話來說笑。有強烈族群認同感的人會常用該族群的方言。愈仔細研究好的對白，你的角色的口說表現就愈好。

好的對白簡短且精準。這就像要寫出好的笑話一樣。必須在極短時間內表達出極多訊息。就像在《瞞天過海》中，布萊德．彼特說道：「四個字能講完，就別花七個字。」

使用適合世界的詞彙

我們常常會把遊戲場景設在想像的世界。那就試試看使用想像出（但能讓人了解）的句型結構和字彙。特殊世界應該要有特殊的語言。同理，歷史場景設置就應該搭配歷史的句型和語言。但是，也試試看比偽伊麗莎白時代語彙（充滿「汝」、「爾」的古字）和裝模作樣的英國腔更有想像力的事。重彈莎士比亞的老調真是糟透了。讓他當他自己，你就當你自己吧！

建造你的世界

在劇本、電視節目、小說和遊戲的開頭幾頁，最重要的事就是建造故事的世界。但我們要怎麼建造世界？我們談過要讓它活靈活現，怎樣才做得到呢？

1 完成你的建造世界檢核清單

思考這些問題可以幫助你寫出遊戲的背景故事，或是它的「傳說」。在遊戲日誌中，回答以下問題：

1. 我的世界有什麼歷史？
2. 我的世界用什麼科技或是魔法（如果有的話）？
3. 我的世界裡居住了誰？
4. 我的世界有什麼文化？
5. 是否有區分各種職業？不同種族？階層如何？
6. 居民吃什麼？他們是否捕獵？
7. 他們有什麼宗教信仰？
8. 有哪些不同的國家或是城市？
9. 有哪些語言？
10. 我的世界當前情勢如何？處於戰爭期間？或是和平狀態？恐懼？平靜？

你的世界不用像全世界一樣大，可以依照自己選定的規模就好。如果你的遊戲是在棄置太空船上的話，同樣問題也適用。太空站的歷史是什麼？上頭用什麼科技？誰住在那裡？

2 寫出你的開場場景

一段良好的介紹，能將玩家、角色，還有你的遊戲世界聯繫起來。《異塵餘生3》開場時，朗・帕爾曼（Ron Perlman）尖聲說著：「戰爭，戰爭從不改變啊。」《生化奇兵》開場是飛機失事，墜落到大西洋中央、《最後生還者》的開場是父女慶生，這些都是用來吸引玩家的安排。

我們要你為你的遊戲寫出這些吸引人的橋段。想出一個能吸引玩家的開場，讓他們很期待玩遊戲、引領角色前往歷險。你要怎樣策畫場景，讓玩家想著：「接下來會發生什麼事？」你要怎麼介紹遊戲玩法？這個場景要怎麼指引玩家到正確方向，並且讓他們知道第一道關卡的目標？

（同樣地，要用編劇格式。）

54 http://irrationalgames.com/insider/from-the-vault-may/

55 http://www.gamefly.com/#!/game/The-Order-1886/5006497

56 http://store.steampowered.com/app/257510/

57 http://www.polygon.com/2013/3/31/4158872/cinematics-emotionally-connect-play-ers-to-game-narratives-says

CHAPTER 10

不能人人都當蝙蝠俠：談MMO及多玩家

前一陣子，《DC超級英雄Online》（DC Universe Online）上市，我們感到很興奮。我們喜愛《決戰江戶》（Battle Realms）漫畫，也都喜歡MMO（Massively Multiplayer Online game，大型多玩家線上遊戲）。不過，我們兩人都想要當蝙蝠俠。我們的朋友跟我說：「不能那樣」。「怎麼不行？盒子上有他啊，我想要當蝙蝠俠啦，可惡！」他們耐心地解釋遊戲的設計方式，大咖DC超級英雄是NPC，我們要開發自己的超級英雄，像是代數王戴夫（Algebra Dave）或其他人來當蝙蝠俠的癟腳門徒。這不是很讓人滿意，沒有人想要當跟班（問問羅賓〔Robin〕，他很有心得），大家都想要當遊戲的英雄角色。

就像是在《星際大戰》MMO，我們不能當達斯·維達，或是在《魔獸世界》中，我們不能當阿薩斯（Arthas）、索爾（Thrall）或其他該世界裡的任何要角。我們要接受MMO通常是大型共享的遊樂場、換裝派對、主題樂園。每名玩家都在實踐自己幻想的內容，包括你。這點也適用於傳統的多玩家遊戲，不論競爭方式是直接對決（《勁爆美式足球》）、或是隊伍之間的對決（《絕對武力》〔Counter-Strike, CS〕），又或是大混戰（幾乎任何第一人稱射擊遊戲）。

（本書執筆之際，「不能人人都當蝙蝠俠」原則有個特例是漫威所推出的《漫威英雄 2015》〔Marvel Heroes 2015〕）MMO。在這個遊戲中，你和數十名其他玩家都可以當蜘蛛人、或浩克、或雷神索爾。這使得敘事變得不連貫，螢幕畫面看起來像是失控的cosplay扮裝秀，但至少你可以扮演自己最愛的漫威英雄。

「史貝爾」時間

瑞典人對「玩」一詞有好幾種說法。「史貝爾」（Spel）指的是玩遊戲、參與有規則的娛樂活動。不過還有另一個詞「雷克」（lek），意思是較沒有結構規範的方式玩樂、嬉鬧、扮演。

如果你看過幼兒園的下課休息時間，會注意到小朋友們跑來跑去、扮演角色、互相追逐、亂丟一通所有能丟的東西。他們的注意力通常維持不久，無法參與有規則的遊樂場遊戲，像是足壘球、鬼抓人、紅綠燈等等。除非有大人在現場看顧，並且擔任主持人和裁判。但就算是那樣……

也想想看，玩聖誕老人送你的禮物和玩禮物的包裝盒有什麼差別。盒子能拿來當恐龍洞穴、城堡、太空船……任何你希望拿來假裝的物品。

我們擁有連網版數位遊樂場已經好一陣子了：多人地下城（MUDs，Multi-User Dungeons）、MMOs、遊戲、聊天室。問題是，使用者眾多時，你面對的不只是瑪利歐對上亞里斯多德。你（寫手）和玩家共同打造出玩家體驗之餘，參與的還有一群其他人，包括其他玩家、公會成員、新手、滋事者、龜兵（camper）、圍毆者（ganker）、機械人和打錢者（gold farmer）。

一旦環境中同時存在眾多玩家，就難以避免相互競爭的發生。在使用者眾多的環境中，玩家控制的不是故事主人公，他們是扮演自己的替身（avatar）。在《決戰時刻：現代戰爭2》中，是玩家自己在多個地圖裡跑來跑去大搞破壞，而不是單一玩家模式的主人公之一索普（Soap）。也有許多玩家堅持認為多玩家遊戲和虛擬世界更具有沉浸式體驗，因為他們自己就在那個世界中，而不是替身。但這種體驗有時候會搞得像是幼稚園小朋友鬧事，需要叫暫停中止亂來和不守規矩的玩法；而在遊戲中則是要靠敘事。

顯而易見的事實是，實際在遊戲空間有個能控制的替身，對許多玩家來說更為刺激，但這些替身會讓玩家注意力偏離敘事設計。為什麼呢？因為多玩家環境常常會加強：

競爭：因為打敗有腦的真人會比打敗可預測的電腦控制機械人更有挑戰。

社交連結：因為跟隊友聊天和進行策畫很有趣，向對手嗆聲、講垃圾話也是。

侵略性：請見上述的「競爭」。機械人不會在殺人後等在旁邊繼續虐人，血氣方剛的青少年男孩才會。

但是如果因為有其他玩家存在，使得原本要投注到你精心打造故事的注意力被轉移走了，遊戲寫手該怎麼做？

說到底，這是誰的遊戲？

這個情境中，敘事設計師的職責不像是要說故事，反而更是籌畫一場派對，或是創造出遊樂場、或設計出主題樂園景點，又或是在大型遊戲中擔任茱莉（Julie）的角色，也就是《愛之船》（The Love Boat）的娛樂總監。你鋪設場景，創造一堆吸引人的內容，讓玩家有理由參與並跟其他人打成一片，玩你擺設出的玩具。

華特迪士尼公司一直把他們主題樂園的創作者稱為「想像者」（Imagineer），這有個好理由——他們是創造天才。他們會搜索迪士尼樂園裡每一個被創造出來的角落和空間細節，無論是大型飛車或是商店之間的通道，並且隨時想著要如何把該細節跟主題相搭配、思考這個東西要如何反映出樂園中各個「世界」（或稱「國度」，如邊境國度、明日國度等等）的故事？在迪士尼樂園裡，柱子上裝飾的通常不會是單調的金屬球，例如在鬼屋裡柱子上用的是滴水獸的頭，而在其他設施中，柱子也會配合主題設計以反映這些景點。這種對於細節的堅持，使樂園在半世紀以來不斷吸引人再次造訪，每次都會有新奇的發現。

身為遊戲創作者，我們可以從這些想像者身上學到很多東西。電玩美術師擁有美妙的創作力，但我們不能指望靠他們想像出遊戲世界的所有事物。其他創意團隊也一樣。敘事設計師要補足世界及關卡中故事的「想像力缺口處」。否則你的遊戲就無法成為迪士尼樂園，而成了六旗樂園（Six Flags）。

沙盒遊戲

沙盒遊戲（sandbox game）是指玩家可以在世界中自由遊蕩、與物件或其他玩家互動的遊戲。它們不一定遵守遊戲說故事的慣例原則、不見得有多項能轉移玩家注意力的探求行動；讓遊戲世界鮮活起來的是自由互動。（《俠盜獵車手4》尼克與人約會或是敘兄弟情，就有這種效果。）概念是玩家跟世界愈有互動，體驗就更豐富。《創世紀7》（Ultima VII）、《死亡之島》、《邊緣禁地》、《異塵餘生3》，以上幾款遊戲都能視為沙盒遊戲。它們還是有主要的敘事，但寫手也要寫出其他探求行動和任務，讓玩家可選擇來體驗。

多玩家遊戲與模式

如同我們前面說過的，對於《星戰前夜》和《魔獸世界》這樣的遊戲來說，你不是在寫故事，而是在辦派對（或是擔任娛樂總監）。故事就是派對的主題，也就是布景。就像是派對一樣，這些遊戲被設計成能夠進行社交，而且有著明確的故事目標：玩家組隊、出任務、去不同的區域。要是策畫良好（像是暴雪），玩家就願意支付月費，繼續在這樣的世界裡玩。我們撰寫本書之際，《魔獸》剛慶祝了發行十周年紀念。

MMO的主要探求行動（即遊戲的後設故事）都是「衝高等級」的一種變化。安娜・安思羅比將《魔獸世界》描述為：「一個關於重複執行任務，直到數值升高的遊戲」。這點講得很貼切。故事充滿支線探求行動，這些活動組成了該遊戲世界的傳說。玩家從其他玩家那裡得到的關於遊戲世界的資訊，可能和自己直接和遊戲互動得到的一樣多、甚至更多。敘事設計師的職責在於持續想出以故事為基礎的方法，讓重複的任務感覺起來不全是重複。

寫手另一項職責是要放寬心。如果你辦過派對，就知道不是每個人都會喜愛一切：有些客人就是與其他客人合不來、不是每個人都會去嘗嘗你在廚房花數小時費心做出的精緻餐點。這都沒有關係，只要每個人都有難忘（且正面）的體驗，他們就會認為你是很棒的派對主辦人，即使每個人記得的事情不太一樣。

突發玩法與突發敘事

基本上，突發遊戲玩法（emergent gameplay）指的是，玩家發現能利用遊戲的機制和系統創造出開發者沒預料到的玩法。譬如，在原版《異塵餘生》裡想盡辦法讓名叫狗肉（Dogmeat）的狗伙伴活下來、或是在《世界街頭賽車2》中以「貓捉老鼠」團隊方式用薩林跑車（Saleen）和迷你酷柏（MINI Cooper）兩輛車競速。

我們的個人經驗可以證明，一旦你發現（不管是意外或上網查到）可以在《俠盜獵車手》中把鞦韆椅變成投石機，你會暫時失去在自由城提升尼克黑道罪犯排名的興致，立刻駕駛手邊能取得的車輛前往附近的鞦韆椅。接著敘事就不再是以尼克為焦點，而是變成你想要讓大家瞧瞧你怎麼把一輛車拋到高空中。

然而，突發敘事（emergent narrative）是你用自己創造的故事激發出突發遊戲玩法的趣味。你，做為一個玩家，正在寫自己的故事。「突發敘事」有個絕佳的範例是一九八〇年經典喜劇《瘋狂高爾夫》（Caddyshack）。比爾·墨瑞（Bill Murray）飾演園丁卡爾（Carl），這個角色負責整理花壇。他手拿割草鐮刀，而因為電影是設在鄉村俱樂部，卡爾決定要把工作當成遊戲來玩，於是他把鐮刀當成是二號鐵桿、把花當成是高爾夫球。他在每次揮桿砍掉花苞時，都會附上旁白敘述，就像是實況報導：「在奧古斯塔（Augusta）這兒，群眾全都興奮地墊起腳尖……」（當你了解到這些旁白都是墨瑞的即興發揮，敘事就更像是突然發生。這些台詞並沒有出現在原始腳本上！）

玩家的故事可能缺乏你這名寫手想要他們發展的行進方向和情緒共鳴。但玩家能控制自己的體驗。很投入的玩家，也就是對你創造的世界入迷的人，會為他們自己的替身寫傳記、製作二創藝術和同人小說。這與所有模仿形式一樣，是你身為創作者能獲得的最誠摯讚賞。

情緒共鳴

情緒共鳴是一個很亞里斯多德式的概念。這吻合我們的情緒歷程。我們玩家會有「反映式同理感」（reflective empathy）。主人公在螢幕上出現，我做出自己認為對他來說最好的事情。我的替身會感受到我行動的後果，而我不會。

當威爾・史密斯（Will Smith）在《我是傳奇》中殺掉他的狗（劇透：他別無選擇！）我們留下眼淚，但我們沒有子彈穿過自己腦袋的感覺。

情緒臨場感

沉浸（immersion）一詞的開頭是個 I（我）。「我」置身於遊戲中。「我」這名玩家正做著我想要做的事情。我擁有自我行動所致的情緒後果。以下舉例：

◎艾莉絲（Aerith）死掉，惹哭鮑勃

（這故事裡有《最終幻想7》的嚴重劇透，你自己看著辦喔。）

當身為玩家你的感受反映出遊戲世界主人公的感受時，就是在經歷遊戲情緒臨場感了。這點很難做到，並且不是每名玩家都會經歷，不過這是你身為遊戲創作者必須持續努力追求的目標。在我們的記憶中，發生這樣時刻的一個最早也最好的例子，是鮑勃在玩日本經典RPG《最終幻想7》。

遊戲的故事中，玩家角色克勞德・史特萊夫遇見一些不合群的人，並跟他們一同冒險，其中之一就是艾莉絲，一位穿著粉紅長裙、賣花的女孩。她和克

勞德並肩作戰、她被壞人抓走然後被克勞德等人救出，她也和克勞德約會過。他們兩人的關係是遊戲中主要的愛情故事。在他們第一次約會後，鮑勃一直在等著動作劇情趨緩，看會不會有下一次約會……

遊戲玩法中，艾莉絲是團對中的補師（healer，編按：遊戲中負責治療隊友的角色）。《最終幻想7》的戰鬥系統安排三個角色一同對抗壞人，通常是克勞德、艾莉絲還有另外一名英雄。在遊戲初期，不管你們隊伍的血量變得多低，都能仰賴艾莉絲使用她的治癒之風咒語，讓眾人從垂死邊緣回復。在遊戲的這個階段，你能專注學習如何使用武器和魔法來對敵人造成傷害，在總能靠艾莉絲回復血量之下，完全沒有後顧之憂。

這點很棒，直到後來遇到遊戲的大壞蛋賽菲羅斯（Sephiroth）。在非互動的電影畫面中，賽菲羅斯用巨劍刺穿艾莉絲的心臟。她死掉了，你只能眼睜睜看著，因為這是在非互動的電影畫面中發生的事，你什麼事都做不了。

這個時候，鮑勃哭了出來。他花了好幾小時跟艾莉絲相處、他看著克勞德和她互相打情罵俏。他就像是克勞德一樣，跟壞人對戰時仰賴著艾莉絲幫忙補血。現在她死掉不能復生了。

遊戲故事中，克勞德感到悲慟；真實世界中，鮑勃也感到悲慟。他為艾莉絲流了好些眼淚。他把遊戲關掉幾天，為她哀悼。他也哀嘆要自己學習如何幫團隊伙伴補血，不能再仰賴她了。鮑勃對遊戲產生情緒臨場感，即使他暫時沒碰遊戲把遊戲主機給關掉了。

這樣的時刻是我們遊戲創作者要不斷去追求的。

多玩家模式常優先

在眾多有堅實多人模式的遊戲中，「多玩家遊戲」模式這部分會最先被設計出來，在作業流程接近尾段時，設計師才創造出「故事」或是「劇情」模式，即單人遊戲。以非常簡化的情況來說，很多第一人稱射擊遊戲（FPS）和即時戰略遊戲（RTS）中，單人遊戲都是為多人遊戲所準備的冗長又詳盡且由故事推動的教學。許多遊戲很明顯地都有這樣的感覺。

鮑勃一直以來都是RTS遊戲的愛好者，像是《魔獸世界》、《星海爭霸》、《終極動員令》（Command & Conquer）和《世紀帝國》（Ages of Empires）。在美泰爾互動公司，他很興奮能開發RTS遊戲《公元2150》（Earth 2150）和《戰神：狂神天威》（Warlords: Battlecry），儘管是在流程的後期才加入。

過了幾個月後，他被委任為《決戰江戶》（Battle Realms）的測試員；這是一款極為先進的3D RTS遊戲，由Liquid娛樂公司（Liquid Entertainment）開發，故事場景設在奇幻世界，並借用了日本神話的設定。然而，後來他驚訝地發現這款在測試中的遊戲缺少故事模式，開發時間大多用在執行、除錯，還有平衡RTS遊戲玩法的核心「建造與戰鬥」。劇情（即「故事模式」）是在很後面才加入開發流程，距離遊戲發行時間不超過九十天。

在合作的MMO專案，鮑勃找來基思在專案中加入故事，使遊戲世界更加豐富。不過，這也是在核心遊戲系統（在MMO的虛擬世界裡加入動作型運動遊戲玩法）開發數個月以後的事了。雖然經過基思與團隊伙伴數個月的持續投入，遊戲最後還是報銷了。不過，奇特的是故事留存下來，母公司打算 把它投售為電視節目。

遊戲要有樂趣。參加派對就是件有趣的事。雖然派對終會散場，總有些人會心情不好、有些人會吵架而提早離開——不管如何，歡迎來到MMO的世界。沙盒遊戲不是MMO，它是由故事主導，而且本來就應該如此。

感受你的世界

1 用地圖記述你遊戲的情緒

如同我們說過的，在喚起遊戲中各式情緒方面還有進步的空間。在你的遊戲中，玩家角色在不同階段會感受和經歷哪些情緒呢？為你的遊戲寫出「情緒地圖」，討論玩家角色的情緒歷程如何對應到玩家所經歷的行動歷程。

2 寫下 DLC 概念

隨著玩家和創作者注意到在遊戲結局後擴展遊玩體驗（和故事）的價值後，可下載內容（downloadable content，DLC）和其他發行後產出的內容變得愈來愈流行。像是雖然主線的尼克．貝里克的故事在《俠盜獵車手4》中結束了，遊戲中自由城的世界仍然可以支撐DLC《失落與詛咒》（The Lost and the Damned）和《酷男之歌》（The Ballad of Gay Tony）的豐富故事。

MMO成敗更是取決於「擴充內容」是否受歡迎；這些擴充內容不僅擴展虛擬世界的視野，也帶來新的角色和故事發展供玩家遊玩。

現在假設發行商要你製作任何一款你喜愛遊戲的DLC。選擇一個已經存在的遊戲，並為該遊戲世界的DLC創造一個簡短（三到四段）的推銷簡介。你可以創造新角色，可以利用新地點。關鍵在於：你能否掌握原本遊戲的精神？

CHAPTER 11

隨時隨地創造

獨立遊戲的崛起

在商業頻譜的另一端，過去十年來令人振奮卻鮮少被討論的是進入遊戲開發這一行的傳統障礙已經瓦解了。在App Store發行之前，以及GameSalad Creator等熱門「遊戲處理器」普及之前，遊戲是由小型、非常專精、且同質性高的一群人製作出來，也就是職業遊戲開發者。這些人通常會創造出他們自己喜愛的遊戲（科幻故事、中世紀奇幻歷險、戰鬥動作遊戲），這並不稀奇。隨著遊戲愈來愈商業化（製作成本也愈來愈高），由像是謝爾頓·庫珀（Sheldon Cooper）這類人物（編按：美劇《宅男行不行》裡的物理學家）製作並銷售給跟他同類客群的遊戲，對發行商來說風險比較小；開發打破窠臼而在遊戲玩法或故事上有所創新的遊戲風險比較高。其中的特例如《模擬市民》、《吉他英雄》少到用一隻手便數得出來就足以證明。

但在二十世紀末之後，很酷的事情發生了。小型團隊開始開發出「車庫遊戲」，並直接透過newgrounds.com和kongregate.com等網站提供給玩家。雖然這些遊戲多數在尖端科技方面略遜一籌（許多還採用Flash動畫或是可在網頁瀏覽器遊玩），但對於創造獨立遊戲的文化有幫助，而且在Steam個人電腦下載服務和行動應用程式商店推出後，這些遊戲得益於數位傳播和自主發行的成熟而有爆炸性成長。

現在最有表現力、創新且熱門的遊戲（聽過《當個創世神》吧？）來自於獨立開發商或個別創作者。（沒錯，微軟買下了《當個創世神》，但那是在該遊戲風靡全球後才發生的事。）

◎遊戲玩家是誰？

玩家滿意度顧問公司（International Hobo）創造出一個非常實用的模型，稱為 BrainHex，該模型經過調查將玩家分為七種類型：探索者、存活者、大膽者、謀略者、征服者、社交者和成就者。你可以參與問卷，找出自己屬於哪一型玩家。請至ihobo.com/BrainHex。

本書撰文之際，美國所有遊戲社群正在面對 #gamergate 困窘爭議事件的後續。這個線上活動最初表面上是「關注遊戲新聞倫理和保護玩家『身分[58]』」，結果變質為涉及電玩遊戲文化性別歧視的爭議，包括對遊戲開發者佐依・奎恩（Zoe Quinn）、布里安娜・吳（Brianna Wu）以及他們眾多支持者的惡言攻擊和造成真實生活的威脅。在二〇一四年的夏秋之際，一小群熱愛硬核遊戲的人（所謂「真正的遊戲愛好者」）做出的脅迫行為，顯現出其情緒成熟度如同哈爾・羅奇（Hal Roach）製作的《小頑童》（Our Gang）喜劇短片裡發起的希曼厭女俱樂部（He-Man Woman Haters Club）一樣。（編按：內容大致是社區裡的小男孩組織團夥，反對小女孩和情人節。）

不是所有遊戲玩家都以遊戲愛好者（gamer）自居；就像並非所有擁有摩托車的人都以騎乘愛好者自居。在本書的開始我們就說過，愈來愈多人享受玩電玩遊戲。我們不應該再把「遊戲愛好者」想成是一大群彼此相似、文化背景一致的集體。

然而，在#gamergate事件發生的兩年前，安娜・安思羅比出版了一本書，我們認為算是整個事件的反面論述和解方。#gamergaters較窄化、具排他性，充滿了沙文主義且孤立，把傳統的遊戲視為一種消費者產品；相較之下，安思羅比女士的書則是持相反立場，廣泛包容、並且提倡將遊戲視為一種自我表達的方法、以及一種療法。在她的書作《電玩遊戲誌客的興起：怪咖、正常人、業餘人士、藝術家、夢想家、輟學生、酷兒、家庭主婦和你這樣的人正在奪回的一種藝術形式》（Rise of the Videogame Zinesters: How Freaks, Normals, Amateurs, Artists, Dreamers, Dropouts, Queers, Housewives, and People Like You Are Taking Back an Art Form）內寫道：

> 由個別創作者（或雙人創作者）製作的數位遊戲並沒有什麼不尋常的地方。事實上，如果設計師要管理一整個團隊的眾人，而且每個人都負責了遊戲的不同面向，這反而比較難維持遊戲背後的概念連貫。這也是為什麼當代有些大型預算的遊戲案有很多雜音，卻少有強力構想[59]。

如果每次聽到好萊塢人針對大預算案抱怨同樣問題，我們就能得到五分錢的話，那我們就有足夠財力可以資助自己的3A頂級遊戲啦！

同時，秉持自我表達、探索和樂趣的精神！我們希望你製作出自己的互動式體驗。這沒有表面上看來那麼難，也不見得需要寫程式或是美術技巧！只要有個能訴說和遊玩的故事就行了。

你能使用的工具

你完全能夠以本書為跳板，從今天開始展開自己的遊戲製作。有一些編劇學生抱怨如果沒有購買昂貴的編劇格式軟體就不能做事，這讓我們灰心，其實你只要有紙和筆就可以編寫了。重點在於要有構想，格式可以之後再說。我們也遇到一些學生抱怨要有非常昂貴的圖形軟體、3D動畫工具、以及寫程式的環境，才能開始製作遊戲，這同樣讓我們灰心，分明都是瞎說。

你想獲得互動寫作的經驗？那就是去寫互動的內容！以下提供做法：

從紙上開始

關掉電腦。拿筆記本，還有鉛筆。（也拿些索引卡來！）寫下筆記、畫圖、做圖表、盡情作白日夢。

在著手操作工具前想得愈多，之後使用工具就愈有效率。用卡片規畫，呈現出你想表達的內容，以及如何讓玩家體驗該內容。記住，玩家是遊戲體驗的共同作者，但他們只能在你所創造的規則範圍內行動。那麼，規則有哪些？

聽起來可能有點違背直覺。你會反駁道：「可是遊戲是數位媒體呀！」我們知道，但我們也知道有幾十位資深遊戲設計師比較喜歡在紙上規畫原型，因為比較簡易、便宜且迅速。我們常常看到有些菜鳥創作者直接啟用關卡編輯器或是其他數位工具，然後……什麼成果都沒有。他們沒辦法應付介面，或者是所需的學習曲線，不知道要創造什麼，反而受限於無盡的可能性，於是停了下來，甚至卡住了。（我們也遇過這種事。之前鮑勃有機會為《決戰江戶》製作多玩家地圖。他沒有事先透過創意思考規畫地圖的模樣，就直接啟動關卡編輯器，然後……反正《決戰江戶》裡面沒有鮑勃製作的多玩家地圖就是啦。）

一旦你把概念整理出來，就能打開電腦使用工具。什麼工具？以下提供我們精選的幾項。

簡單模式

如果不曾嘗試寫互動式短篇故事，你應該要試試。要理解互動性及共同著作的操控力和複雜度，寫互動小說是最好的方式。寫下原創的短篇故事，或是將一篇你已經寫好的短篇故事，改寫成互動小說故事。這效果很強大，過程也令人害怕。動手吧！

Inklewriter

Inklewriter（www.inklestudios.com/inklewriter）是免費且非常容易使用的

網頁型工具，可用來寫分支故事。你也能在Inkle Studios網站上發布你的故事，並把連結分享給親友、粉絲及追蹤者。網站上也有些範例故事可以閱讀找靈感。（鮑勃自己寫的短篇互動故事〈我離婚的原因〉〔Why I Got Divorced〕就在writer.inklestudios.com/stories/vvmb。）

Twine

Twine（twinery.org）是非常熱門的免費開源工具，適用互動小說和簡單的文本冒險遊戲。這比Inklewriter稍微複雜一點，但你可以從輕鬆寫出簡單的分支故事開始。熟悉Twine後，能再加入圖像和其他功能來讓你的故事更接近遊戲。

Scratch

Scratch是麻省理工開發的圖形「遊戲處理器」，在scratch.mit.edu免費供應，用來讓兒童學習基礎邏輯和腳本撰寫。因為它是為兒童打造的，很容易用來創造你的第一款實際的遊戲。Scratch是連通互動小說、文本冒險寫作與圖形遊戲玩法的極佳工具。

中等難度模式

準備好接受更多挑戰了嗎？以下的挑戰需要拿出更多的耐心，還需要做研究、閱讀（或觀看）教學，以及試誤的過程。不過，當你看見構想在螢幕上活起來，並讓其他玩家開心玩的模樣，這一切辛苦的付出都值得了。

關於創造的遊戲

《當個創世神》改變了一切。對於一整個世代的小孩子和青少年來說，在3D 環境中創造、寫腳本和合作就像是騎腳踏車一樣自然：一旦學會就不會忘。《當個創世神》值得你投入時間。幾乎在各個平台上（個人電腦、遊戲機、行動裝置）都可取得，所以去下載來著手創造東西吧。

探索上千個特殊伺服器和模組，或是請你認識的小孩帶領你使用。前一陣子，一個朋友的十歲女兒無聊的時候，用iPhone讓我們看怎麼從零開始建造可動的雲霄飛車，著實讓我們大開眼界。

也別忘了《小小大星球》系列，可以在PS裝置（PlayStation）上取得。另外還有《靈感計畫》（Project Spark）和《迪士尼無限世界》（Disney Infinity）中的玩具箱模式。這些遊戲都是設計來教導你如何創造可以自己玩的遊戲內容，有些還可以輕鬆分享給其他玩家。但這些是設計給兒童的，有著直覺性的介面，並且在你卡住的時候會給提示，和關卡編輯器（見下述）不同。

關卡編輯器

有時候零售遊戲會附送關卡編輯器（level editor），有時候是另外提供免費下載。開發團隊通常是把自己用來建造遊戲各關卡的創造工具簡化或精修，做成關卡編輯器。不過，他們沒有多花時間對這些工具偵錯，也不太會去歸檔。你要有耐心，並且去找教學說明和創作者社群協助你使用，或是解決問題。

我們也建議你從老遊戲開始，而不是選擇極新的遊戲。要是你不熟悉3D工具，先使用2D關卡編輯器的挫敗感會少很多。先在《星海爭霸》建造地圖，再升等到《星海爭霸2》。

《傳送門2》的「測試室設計工具」（關卡編輯器）是個設計精妙、簡單有趣的絕佳入門工具，還有華麗越野賽車遊戲《特技摩托賽》（Trials Fusion）的軌道編輯器也很適合。

如果你野心勃勃，或是對3D工具有些經驗，BioWare有一套很堅實的套件，能讓你自創關卡、探求行動、電影畫面，適用於個人電腦版的《闇龍紀元：序章》（Dragon Age: Origins）。這個闇龍紀元工具組可免費下載[60]，但是你的電腦必須安裝有《闇龍紀元：序章》才能使用這套工具。

附有關卡編輯器的遊戲有個好處，就是可以匯入其他玩家製作的關卡，感受一下遊戲能有多少創造空間。

遊戲處理器

GameMaker: Studio和GameSalad Creator是兩款我們喜愛的「遊戲處理器」（game processor），它們整合了各種工具，讓你能把遊戲建造成軟體套件，即使不是程式人員，也能在遊戲處理器中創造出互動性。不過你懂愈多程式或腳本撰寫（scripting），就愈能做好專案。我們在課堂上兩款都有使用，並且為學生的成果感到驕傲。這兩款都有紮實的教學、支援和用戶社群，也設計得讓新手和專業人員都能創造遊戲，並且將遊戲發布到包括iOS、Android、Mac、Windows和HTML5在內的多個平台上。

GameMaker: Studio在yoyogames.com/studio/download供免費下載。GameSalad Creator的免費版本則可於gamesalad.com/download 取得。

雖然我們還沒有仔細確認，但Stencyl（www.stencyl.com）的風評不錯，而且一樣是免費的。

高難度模式

一旦你加入開發團隊，或是有可靠的程式撰寫、美術設計和音效製作來源，那麼你就可以考慮升級到商務版的遊戲引擎了。這些專業的遊戲開發環境不適合新手或膽小的人。Unity在近年來有長足的進展而成為市場龍頭，主要是憑藉其便利的用法和廣大的資產庫，讓你能夠購買和使用各種角色、道具、地形及其他自選資產在你的專案中。你可以在unity3d.com下載免費試用版。

Epic Games公司推出特別強大的Unreal Engine，在近年來也被用來建立數十款3A頂級遊戲，它每一次的版本更新都支援更多華麗視覺效果，並且變得（相對而言）更易於使用。更多資訊可至unrealengine.com查看。

使用新工具

1 寫下短篇互動故事

使用Inklewriter或是Twine寫個短篇的互動故事。可以是設在你遊戲世界裡的故事，或是設於全然不同場景的故事。你也可以將自己已經寫好的傳統、線性短篇故事改編成短篇的互動故事。（你是不是曾在兩種結局中難以取捨呢？現在兩種都可以採用啦！）

想要好好運用互動小說的媒材，你的故事：

1. 要有至少八個決策點。
2. 能有分支的決策（譬如，一個決策會導向進一步的決策，而這樣讀者只讀一輪時不一定會遇到每個決策點）。
3. 能有多種結局。

2 建造關卡

使用商業遊戲的關卡編輯器，像是《傳送門2》、《迪士尼無限世界》或其他我們在本章節提過的任何一款，創造出你自己的遊戲關卡。

在紙上規畫！就像是為影視編劇時不能沒有的大綱。著手操作關卡編輯器前，對於你要玩家在這個關卡做哪些事情、可以在他們路途上擺放那些障礙，一定要先做規畫。

關卡編輯器有沒有什麼功能是可以讓你加入故事內容的？透過你自訂關卡的遊戲玩法，你能訴說什麼故事？

3 探索「遊戲處理器」

從Game Maker: Studio、GameSalad Creator或是Stencyl挑一款來下載、安

裝 並跟著內建的指引完成第一個教學內容，接著進入第二個，然後依序進行下去。恭喜！現在可以來製作遊戲了。

58 http://gawker.com/what-is-gamergate-and-why-an-explainer-for-non-geeks-1642909080

59 Anthropy, loc. 1613 of 2813

60 http://social.bioware.com/page/da-toolset#downloads

CHAPTER 12

接下來呢？

「預知未來」是不可能做到的事，這個嘛，或許《星艦迷航記》可以。那裡頭就預先出現過通訊器（智慧型手機）、三度儀（平板）和聲控電腦。而在《星艦迷航記：新一代》裡有全像甲板（虛擬實境的遊戲系統）還有「可穿戴裝置」。不過，就連艦長詹姆士．寇克（James T. Kirk）也沒有預測到新奇的《乓》街機遊戲會成為十億美元的事業。

以下是過去幾年來，對於電玩遊戲未來的常見預測：

- 立體遊戲（如同3D電影般，3D遊玩）
- 虛擬實境（virtual reality，如前述，但把螢幕當成是眼罩般穿戴）
- 遊戲第二台螢幕（像是Wii U）
- 擴增實境（augmented reality，AR）
- 雲端渲染遊戲（cloud-rendered gaming，像是OnLive遊戲服務）

其中有些預測已經超過五年，這在現今這個科技時代裡已經算是很長的一段時間了。其中哪些成真了？雲端遊戲頻寬不足的問題還沒處理好，不然我們都不排斥遊戲版的Netflix串流。第二台螢幕？Wii U並沒有風靡全世界。本書撰寫之際的二〇一五年上半，虛擬實境還是非常引人注目，並且受到遊戲界傳奇人物約翰．卡馬克（John Carmack，寫過《毀滅戰士》和《雷神之錘》）的推崇，他說戴上Oculus Rift頭戴式裝置，有著近乎宗教般的體驗 ，這看來似乎有前景在。

有趣的是，這些預測都沒有提到獨立遊戲持續崛起和所帶來的影響，或是Apple在這個領域具有更大勢力，又或是Amazon或Google會出現開始加入原創遊戲內容方面競爭的傳言。因為我們無法預知遊戲的未來會怎樣。有一句來源眾多的名言是這樣說的，預測未來的唯一方式就是靠自己發明。從這點考量，我們對遊戲的未來提出的預測是：

電玩遊戲的未來在故事。

未來是故事

我們討論過瑪利歐和亞里斯多德的差異。兩人交互交鋒。不過，如果要讓遊戲產業在創造力方面成長，並獲得應有的敬重和認可，瑪利歐就需要亞里斯多德。我們是否能想像將來有一天，奧斯卡獎頒給最佳遊戲，或是最佳互動故事？有何不可？以前沒有人想過動畫片會有專屬的奧斯卡獎項（編按：即最佳動畫片獎，於2001年設立，第74屆奧斯卡金像獎開始頒發），但這已經實現了。一旦科技和故事相互結合，就有無窮層次可以探索。

尼克．葛利斯皮（Nick Gillespie）在《時代》（Time）雜誌上有一篇標題〈《俠盜獵車手》是今日的《孤星血淚》〉[62]的文章，他在文中做出強而有力的主張，銷售量、知名度以及「將電玩遊戲視為道德敗壞的無知攻擊，就如同電影和小說的創新形式曾遭訕笑的強勢文化興起的過程一樣」。我們感受到未來已經開始發生了。《星際大戰》帶來好萊塢大片的時代，並讓跨媒體這整件事發展得超級快速。不過，自《帝國大反擊》（The Empire Strikes Back）以來，最佳的《星際大戰》故事不在電影裡。最佳的故事應該是《星際大戰：舊共和國武士》（Star Wars: Knights of the Old Republic）這部遊戲，它的結尾讓玩家選擇要擁抱原力的光明面或是黑暗面。星際大戰的另一部遊戲《原力釋放》的故事也優於電影《複製人全面進攻》（Attack of the Clones）。

《最後一戰》、《最終幻想7》、《質量效應》、《潛龍諜影3：食蛇者》

（Metal Gear Solid 3: Snake Eater）……講述的都是有著豐富角色情緒及動作的故事、而且是六十小時以上的遊戲玩法才乘載得下的深層世界傳說。

想要看見更多的未來，可以玩玩獨立遊戲：《章魚老爹》（OctoDad）、《我是麵包》（I Am Bread）、《電晶體》（Transistor）、《肯塔基州零號公路》（Kentucky Route Zero）、《孤獨的湯瑪斯》（Thomas Was Alone）、《這是我的戰爭》（This War of Mine）。這些遊戲都運用了只有遊戲才能夠辦到的機制和做法，讓玩家沉浸其中並擁有選擇。

沉浸、選擇和故事就是未來。

充滿遊戲愛好者的世界

小時候被攝影機拍攝過的孩子們，促成了YouTube、矽巷（Silicon Alley）、矽灘（Silicon Beach）裡數位娛樂公司的興起。他們穿戴著FitBit（編按：一種智慧手錶）把遊戲化（gamification）融入他們的生活，並且如同遊戲蒐集積分般，在Instagram獲取點讚數。電玩遊戲文化已擴展到社交活動。人們聚在一起玩遊戲的俱樂部和酒吧愈來愈流行。你也能走進紐約市的藝廊參與《殺手皇后》（Killer Queen ）這類的十人遊戲。或是你可以選擇加入一個根本就是電玩遊戲敘事的沉浸式劇場體驗遊戲。我們在哪，要怎麼出去？這叫做「密室逃脫」，《紐約時報》說這是：「電玩遊戲與現實的結合[64]」。

遊戲的受眾會持續成長，愈來愈多寫手會將（也應該要）遊戲視為他們入行的起點，在遊戲裡他們能夠讓自己的聲音傳達給不只是聽、也想要玩的新興世代。

進入遊戲！

我們是把影視學校稱為film school。這些學校會用掉多少底片（film）？其實不多。現在學生都用數位相機學攝影，難道還要改稱為數位學校？不，稱呼是固定下來的。電玩遊戲依照這樣的路徑走就好了。我們稱為電玩（video game）只是因為它的起源。就像《乓》只是一個純粹的遊戲，沒有任何故事成分（編按：《乓》是最早期的經典電玩遊戲之一），但現在遊戲已經演進成各式沉浸式、互動式娛樂體驗，因此光用一套規則並不足以定義遊戲。

我們相信，在這個偉大的新藝術形式中，每個人都有他的位置。傳統開發商和獨立商都有他們的空間。採用明確敘事的遊戲、和完全不做敘事的遊戲、以及把人帶入情緒旅程的遊戲，如《抑鬱獨白》（Depression Quest）、《忍住不放屁》（Try Not to Fart），也都有存在的空間。所有聲音都應該被聽到，沒有人會被禁止發言。這個改變是好事，改變能夠帶來創新。而且你能促成這樣的改變，你的聲音能讓藝術形式變得更加豐富多元。

那麼要從哪裡開始？

玩遊戲

我們最受不了的就是想為電影編劇的人自己不看電影，或是想寫電視節目的人不看電視。如果你想要在遊戲這行工作，就要玩遊戲！這是你能得到的最佳培訓。去玩一玩桌遊、手遊、遊戲機、網頁遊戲吧。讀遊戲相關資訊，你早上順手讀的內容應該是像Gamasutra.com。讀讀有關遊戲設計、開發和歷史的書（不只這本書）。參加遊戲會議和聚會，很可能你所住的城鎮附近就有舉辦。去和其他遊戲玩家和創作者見見面，去做一些能夠接觸這個領域的事情。

找Game Jam活動

Game Jam是遊戲開發的馬拉松賽，由臨時組成的專職小組構想、規畫、創造和展示遊戲。活動可能持續二十四小時或連續週末兩天。雖然辛苦但很好玩，也是一個可以與人聯繫並實際體驗的好機會。

Game Jam通常是在學校周遭，或是由遊戲開發團體舉辦。就近找一場報名吧。就算你覺得自己沒有技術方面的能力，還是可以幫忙集思廣益、進行試玩和做其他上百種不需要技術的事情，在極短時程裡製作遊戲。可以到www.

indiegamejams.com找找看，這是一個優秀資源和社群集結站。

就學

繼續就學，或是去主攻遊戲開發的學校進修。娛樂軟體協會近期宣布，有將近四百間大專院校提供電玩遊戲的課程，而電玩從業人員的平均薪水是九萬五千美元（雖然依照我們的經驗，這數字有點高估。）《普林斯頓評論》（Princeton Review）甚至每年為這些學程評比[65]。就我們看來，只差一步就能從傳統電腦程式設計轉向娛樂和科技的結合。學習故事和編程，或是藝術，或是音效設計，或是音樂編曲，或是行銷……

就業

如果你不是愛上課的類型，或是已經有學位，就去工作。電玩遊戲公司有初階的工作。鮑勃就是從這裡開始。譬如，測試員負責測試遊戲、偵錯並寫出各個步驟讓程式人員修正。你可以從基層開始做起，再一步步並往上爬。Gamasutra.com是有關電玩遊戲的資源，也是最新職缺的布告區。還有其他初級工作，包括客服業務和社群管理員。

製作遊戲

任何自詡為創作者都應該時時刻刻地創作。你要創造「火」，因為身為創作者的你內心有火在燃燒，因為這是被注意到的好方法，並且讓自己在創作領域出頭天。電視的編劇沒辦法自己製作出共二十四集的節目，那他們要怎麼讓自己的作品被人看見？靠著寫一部戲劇，角色和對白是優秀電視寫作的關鍵。《星際異攻隊》的導演和共同編劇詹姆斯．岡恩（James Gunn），在沈潛許久直到他成功讓片中角色格魯特（Groot）「活過來」之前，也曾經製作過低預算的獨立電影《患難英雄見真情》（The Specials）。

不管你立志要成為寫手／設計師／製作人／創作者，你都應該製作遊戲。遊戲是用來遊玩和享受的，現在要達成這點的做法有很多。

我們給你的最後挑戰

我們在這些書頁中已經提出不少主張，你對其中的某些可能有點意見，但我們希望你能贊同多數內容。這些都是根據我們和你共同的渴望，將互動媒體朝向它必將迎來的成熟階段推進。而且我們不光是因為電玩遊戲已經超過五十歲了，《太空戰爭》肯定有超過這歲數。

使遊戲臻至成熟的推力，不是科技的演進本身，而是它能夠反映出完整人類情緒光譜的能力，讓我們能夠透過遊戲玩法去經歷、理解我們以外的人事物，並對他們感同身受。這就是最佳的藝術所能做的，不論使用的是何種媒體。而且，所有藝術傳達都是一種敘事。藝術家有故事要與人分享。我們也曾提過，有許多評論家並不相信電玩遊戲有資格在藝術領域立足。這些評論員的前輩也曾對另一種藝術形式抱持同樣的意見，那就是電影。

我們回顧電影發展到第五十個年頭的情景，看看這件事的來龍去脈。媒體先驅學者馬歇爾·麥克魯漢（Marshall McLuhan）曾說過一句最知名的話：「媒體即是訊息」。如果確實如此，那麼特定媒體先天能夠比其他媒體更容易且直接傳達特定情緒。我們把這些情緒稱為「原生情緒」（native emotion）。

想一窺電影的原生情緒，可觀察早期影片的分類，喜劇、懸疑片、浪漫劇、驚悚片和西部片（可能表現各種各樣的情緒）。影片媒體在大西洋兩岸做為一種面向大量觀眾的流行文化，持續發展了好幾十年，在那個充滿不確定的時代提供大眾自在的娛樂。

但是，第二次世界大戰改變了一切。較小型的行動攝影機以及其他更廉價且便於攜帶的錄音技術出現，大幅降低全球各地製片人入行的門檻。這些製片人在電影媒體發展到第五個十年的時候崛起，他們通常是看著電影長大的世代。包括了瑞典的英格瑪·柏格曼（Ingmar Bergman）、日本的黑澤明、義大利的羅伯托·羅塞里尼（Roberto Rossellini）和維多里奧·狄西嘉（Vittorio De Sica）、法國的法蘭索瓦·楚浮（Francois Truffaut）和尚盧·高達（Jean-Luc Godard）在內的許多人，都採用傳統工作室典型之外的方式，使他們製作出更具個人色彩的影片，表現出比以往探索過的範圍更廣的情緒。至此，觀眾可以體驗到絕望感、受苦感、羞愧感、情慾和疏離感。當時的觀影者去看電影的目的是接受挑戰，而不是得到安撫。美國製片人保羅・許瑞德（Paul Schrader）曾經說過，柏格曼「或許在讓電影具有個人及內省（introspective）價值這方面上做的比其他人多」。柏格曼和同世代其他導演製作出的電影被稱為「藝術片」，這一點也是不難想像的。

我們深信，下一波遊戲創作者會創造出更偏向個人色彩的遊戲，不僅挑戰玩家技巧、也挑戰他們的情緒。而且我們已經看到這樣的開端了。你處在製作遊戲前所未有地容易的歷史時刻，何不利用這個時刻創造遊戲！創造一些能讓玩家體驗和理解不自在、複雜的情緒，以及能反映出時常混亂且令人困惑的人生百態的遊戲。

製作出能夠反映「你自己」的經歷和世界觀的遊戲。把自己的獨特聲音加入這個媒體中。不論你的性別、族裔、性傾向、文化或是階級（或說正是為了這些差異），你的聲音應該被聽見、你的想法應該被分享，你的情緒應該被「不是你」的玩家感受過。

雖然身為影迷的我們尊重已故的羅傑・伊伯特，但他在關鍵的看法上錯了。電玩遊戲是藝術，而且其藝術表達力年年俱進。

我們要給你的挑戰，也是我們最深的期許，就是希望你能整合我們在本書中提到的部分內容，並實際使用。開始隨時隨地創造吧！在這個媒體上闖出名號來。為未來世代製作出「具有個人和內省價值」的遊戲。

現在著手去屠龍吧！

鮑勃、基思，告退啦。

整合

1 寫下你的遊戲概念文件（GCD）

如同我們前面討論過的，遊戲並沒有「指定規格腳本」。不過，你可以寫出遊戲概念文件，這就像電影的劇情概要（treatment）或是系列的權威書，是做為討論用的文件及創作參考。這也是很棒的作品集材料，因為本身就是小型的作品集。你的GCD中要有：

- 遊戲名：這是理所當然的。好的標題是第一步。差勁或是敷衍的名稱無異於告訴讀者你的概念很差勁，或者你在敷衍了事。
- 美工過的封面：你不是藝術家也沒有關係。可以借用一些能喚起你想傳達出的心境或是場景的影像。（但別使用知名影像，因為這樣會讓讀者聯想到原版作品，而不是你的作品。）
- 執行摘要：這就是你的GameFly推銷簡介。告訴我：我是誰、我在哪裡、我要做什麼事，還有為什麼。
- 類型和核心遊戲機制：主要的遊玩機制是什麼？
- 平台：盡量涵蓋廣一點。是否適用於遊戲機？行動裝置？個人電腦？這裡關注的是玩家如何玩遊戲，而不是銷售的方式（例如盒裝零售或是在下載商店。）
- 概念（遊戲玩法／故事）摘要：這是針對遊戲玩法和故事篇幅較長的敘述。最多寫滿一頁。記得討論遊戲玩法和故事之間如何互相呼應。
- 遊戲玩法描述：簡短討論這個遊戲在哪些方面和近期同類型熱銷款遊戲有什麼不同，以及更勝一籌的地方。
- 世界描述：玩家會花很多時間在你的遊戲世界裡遊玩。這為什麼刺激？為什麼不同凡響？很具戲劇性嗎？為什麼值得他們探索？

- 主人公的簡短介紹：也包括關鍵的NPC和魔王。
- 遊戲開場描述：你打算怎麼開場，才能讓玩家一開始被吸引？預計怎麼規畫讓他們持續玩下去？
- 遊戲結構／關卡大綱：逐關描述每一道關卡（或任務，或探求行動）的情節點和遊戲玩法的進展方式，來擴展概念摘要內容。這能讓讀者感受到你對玩家的體驗已經胸有成竹，並且對整個專案的規模有概念。
- 遊戲玩法最精彩的地方：我會在預告裡看見什麼，或是能在裡頭做什麼事？你的遊戲有什麼精彩處，能讓玩家（在搭校車或是休息時間）推薦其他人來試試？
- 電影腳本範例（非必備）
- 使用角色聲音的響亮短句（非必備）

盡量簡短（不超過二十頁），畢竟這是樣本，而不是動輒數百頁、記錄部門主管對手邊製作中的遊戲做決策的遊戲設計文件（Game Design Document，GDD）。GDD讓對話告終，GCD則是開啟對話。

再次提醒，你的GCD沒辦法拿來找經紀人，或是販售給遊戲發行商。不過這是作品集的好材料。此外，何時會派上用場誰也說不準呢……

61 http://www.bleedingcool.com/2014/12/30/john-carmack-says-experiencing-oculusrift-like-religion-contact/

62 http://ideas.time.com/2013/09/20/grand-theft-auto-todays-great-expectations/

63 http://www.nytimes.com/2014/10/12/nyregion/killer-queen-a-10-person-console-game.html?_r=1

64 http://www.nytimes.com/2014/06/04/arts/video-games/in-escape-rooms-video-games-meet-real-life.html

65 http://www.princetonreview.com/top-undergraduate-schools-for-video-game-design.aspx

電玩遊戲製作及文化的
精選詞彙解析表

「多學學縮寫字。」——《變形金剛》（Transformers）的探員西蒙斯（Simmons，由約翰．特托羅［John Turturro］飾演）

■ ■ ■ ■

AI／人工智慧：雖然這明顯代表人工智慧（artificial intelligence）的意涵，但也常常能和NPC（見下述）相互替代使用。AI也能指任何由電腦控制的角色或怪物被腳本設定好的行為。

Asset／資產：請見「Game Asset／遊戲資產」。

Bark／響亮短句：非線性、依照程序播放、個別的獨白台詞。

Beta Testing／Beta測試：遊戲正式發行前的版本（「Beta版」），通常釋出給開發團隊以外的玩家進行測試，有時也會由一般大眾來進行。Beta測試的目的通常是為了細部調整，以及找出（並修正）剩餘的錯誤。

Boss／魔王：特別難對付的對敵或敵人。通常被安排在一道遊戲關卡（稱為「守關魔王」）的結尾，或是遊戲中最後遭遇的對象（即「遊戲大魔王」）。

Bot／機械人：英文rebot的簡寫。由電腦控制的角色，在多玩家遊戲中擔任其他玩家。

Casual／休閒：用來描述玩家相對較不需要投入很多時間、精力、心思去玩的遊戲。常以「隨拿隨玩」（Pick up and play）形容這類休閒遊戲。

CGI／電腦成像（Computer-generated imagery）。

Class／職業：通常是指RPG角色最適合操用的遊戲機制，扮演補師表示最擅長在戰鬥中幫團隊伙伴回復血量，扮演戰士則表示你最擅長對敵人造成傷害。

Console／遊戲機：為遊玩電玩遊戲設計及販售的專利電腦系統。Xbox One、PS 4 和 Wii U 都是遊戲機。

Core：請見「Hardcore／硬核」。

Cosplay／扮裝：創造和穿著最喜愛的電玩英雄或其他流行文化角色的設計服裝。扮裝者喜愛集體參與聚會。

Cut Scene／剪輯場景：非互動式（或是少量互動性）的對白或行動場景，用來推動遊戲故事進展。

Engine／引擎：請見「Game Engine／遊戲引擎」。

Flavor Text／風味文本：對遊戲玩法非關重要的情境鋪陳資訊，或是在給玩家的紙是上用來添加「遊戲風味」的資訊。以《魔法風雲會》來說，是以斜體字寫在卡牌底部引起情懷的故事內容；在《魔獸世界》探求行動中，風味文本放在「描述段落」裡。雖然風味文本不算是最能帶來沉浸體驗的遊戲內容，但卻是最容易製作的。

FPS／第一人稱射擊遊戲（First Person Shooter）：是指玩家在地面上、以玩家角色視線水平做為鏡頭的射擊遊戲。範例包括：《毀滅戰士》、《雷神之鎚》、《魔域幻境》（Unreal）、《決戰時刻》。

Game Asset／遊戲資產：簡稱「資產」，是遊戲中能讓玩家看見、聽見、讀到或是用其他方式體驗的部分，包括對白台詞、動畫、質感、物體、GUI（見下述）、載入畫面、美術設計……等都是資產。遊戲寫手產出的內容通常都是文字資產，有些錄製成對白就會成為音訊資產。

Game Engine／遊戲引擎：簡稱「引擎」，讓遊戲充滿樂趣的核心軟體指令（程式碼）。

GCD／遊戲概念文件（Game Concept Document）：短版的「遊戲劇情概要」，用來表明遊戲視野的討論文件。不同於 GDD（請見下述）。

GDD／遊戲設計文件（Game Design Document）：這是完整的「權威書」，描述整個開發團隊要建造內容的每個細部面向。最好是「靈活」版文件或是維基內容，以便於搜尋並且能夠隨著遊戲演技而更新。有時候也會附上技術設計文件（TDD，Technical Design Document），為程式人員描述遊戲的技術面向，例如渲染系統或是物體引擎。

GUI／圖形使用者介面（Graphical User Interface）：圖形使用者介面：選單系統和顯示於螢幕上的資料，像是迷你地圖、倒數計時器和健康血條，向玩家顯示重要的資訊，但不屬於遊戲世界的一部分。

Hardcore／硬核：簡稱 core。用來描述需要投入相當多時間、精力和心思遊玩或完成的遊戲，也用來描述玩這類遊戲的玩家。反義詞請見「Casual／休閒」。

Indie Game／獨立遊戲：非使用傳統遊戲發行模型構思和開發出的遊戲。這些（通常為小規模）遊戲在製作上沒有發行商資助或是受到發行商控制。

IF／互動小說（Interactive Fiction）：有分支路徑的散文故事（或是長篇小說），需要讀者做選擇後才能繼續閱讀下去。

IP／智慧財產權（Intellectual property）：受到專利（技術性的類 IP 發明）或是著作權（創意型作品）保護。「原創 IP」指的是以前沒在任何媒體出現過的故事或是品牌。

IRL／現實生活（In Real Life）：遊戲與遊戲間的空檔，這時玩家（照理說）必須要吃東西、睡覺、上廁所、洗澡……。

Live Team／線上維護團隊：在遊戲發布「上線」後負責維護線上遊戲的開發團隊（或底下的子團隊）。

Loot／戰利品：從剛打敗對手的身上可取得的獎賞或是錢財。

Lore／傳說：遊戲世界的背景故事。

Meatspace／肉身空間：請見「IRL／現實生活」。

Mission／任務：請見「Quest／探求行動」。

MMO／大型多玩家線上遊戲（Massively Multiplayer Online game）：大型多玩家線上遊戲：我們比較喜歡這個用詞，而不是MMORPG（大型多玩家線上角色扮演遊戲），因為不是所有MMO都是RPG。

Noob／新手：也寫成n00b或是newbie。欠缺技巧的新玩家，因此容易成為老玩家下手的對象。

NPC／非玩家角色（Non-Player Character）：這個詞可以視情況套用到任何電腦控制的角色，但通常是指玩家能透過對白或用殺與被殺之外其他方式互動的角色（像是攤販或是任務賦予者）。

PC／玩家角色（Player Character）：你在遊戲中控制的角色。與 NPC 相對應。

Quest／探求行動：探求行動：遊戲中的任務，完成後有獎賞。通常是由 NPC 委任給玩家。

RPG／角色扮演遊戲（Role-Playing Game）：：在RPG中，玩家依照一套生理特徵、技能、性格和其他量尺創建自己的角色，接著踏上由多個短篇探求行動組成的長篇冒險。桌遊《龍與地下城》就是首個走紅的RPG。

RTS／即時戰略（Real-time Strategy）：戰爭遊戲（像是《星海爭霸》或《世紀帝國》），玩家會蒐集資源、籌組軍隊，並攻擊其他玩家。遊戲玩法對所有玩家來說是同時進行，而不是像傳統戰爭桌遊或《文明帝國》這種電腦遊戲的回合制。因為在RTS遊戲中每名玩家都同時行動，所以速度和反應時間非常重要。

Shooter／射擊遊戲：主要遊戲機制是瞄準和射擊的遊戲，例如《大蜜蜂》（Galaga）。請見「FPS／第一人稱射擊遊戲」。

Sim／模擬遊戲：英文全稱為simulation。許多遊戲是真實世界系統的電腦模擬版，而遊戲玩法就是源自於操作或是管理該系統。《微軟模擬飛行》（Microsoft Flight Simulator）中的「遊戲玩法」是駕駛非戰鬥型飛機即時從一座機場飛到另一座機場。《模擬城市》讓你能控制一座城市中的基礎設施，並看著自己所採取的行動（或不採取行動）對於城市成長的影響。《模擬樂園》是主題樂園管理的模擬遊戲。真實運動和賽車遊戲有時也稱為模擬遊戲。

SNES / 超級任天堂娛樂系統（Super Nintendo Entertainment System）：任天堂的超級任天堂娛樂系統經典遊戲機，在一九九一年於北美發售。

Tutorial / 新手教學：教導玩家如何玩遊戲的內容。其中最厲害的做法是在無形中進行，靈活搭配玩家探索遊戲世界（請參考《俠盜獵車手4》）；最差的則是獨立出「訓練營」關卡，迫使玩家要在遊戲之初學習所有機制，但有些還要到很後面才會用到。

W00t！ / ：為勝利慶賀聲。應該是來自於「我們大敗另一隊啦」（we owned the other team）的英文縮寫。

WoW / 《魔獸世界》（World of Warcraft）。

中英詞彙對照表

中文	英文	頁數
▶數字		
3A頂級遊戲	AAA game	203
▶1～4畫		
人工智慧	AI	220
三度儀	tricorder	211
大型多玩家線上遊戲	MMO (massively multiplayer online game)	191, 書中各處
大混戰	free-for-all	191
互動小說	IF (interactive fiction)	93
互動式敘事	interactive narrative	書中各處
互動媒體	interactive medium	216
內省的	introspective	217
六旗樂園	Six Flags	194
分支敘事	branching narrative	103
反方對敵	antagonist	41,63,95
文本冒險遊戲	text adventure game	69
文字解析遊戲	text parsing game	69
日夜循環	day-night cycle	108
▶5畫		
主人公	protagonist	55, 書中各處
主人公的簡短介紹	protagonist brief bio	219
可下載內容	DLC(downloadable content)	102,199
史貝爾（參與有規則的娛樂活動）	spel	192
平台（遊戲的）	platform	216
平行敘事	parallel narrative	108
打錢者	gold farmer	192
白板	tabula rasa	114

模擬遊戲	sim (simulation)	98
衝突區域	conflict zone	223

16畫

戰利品	loot	23, 書中各處
機制（遊戲）	mechanics	36,85,201，書中各處
獨立遊戲	indie game	85
獨立遊戲展	IGF(Independent Games Festival)	192
龜兵	camper	211

17畫以上

聲控電腦	voice-activated computer	195
擴增實境	AR(angmented reality)	99
職業（遊戲中的）	class	221
轉向（劇情）	the spiral	219
關卡大綱	level outline	204,206, 書中各處
關卡編輯器	level editor	27,220, 書中各處
響亮短句	bark	220, 書中各處
魔王	boss	225
魔獸世界	WoW(World of Warcraft)	225

國家圖書館出版品預行編目資料

屠龍：互動敘事法 / 羅伯特 . 丹頓 . 布萊恩特 (Robert Denton Bryant), 基思 . 吉格里奧 (Keith Giglio) 著 ; 陳依萍譯 . -- 初版 . -- 臺北市 : 易博士文化 , 城邦文化事業股份有限公司出版 : 英屬蓋曼群島商家庭傳媒股份有限公司城邦分公司發行 , 2022.05

面； 公分

譯自 : Slay the dragon : writing great video games.

ISBN 978-986-480-226-5(平裝)

1.CST: 電腦遊戲 2.CST: 電腦程式設計 3.CST: 腳本

312.8 111006464

DA6004

屠龍：互動敘事法

原著書名 / Slay the Dragon: Writing Great Video Games
作者 / 羅伯特 · 丹頓 · 布萊恩特（Robert Denton Bryant）、基思 · 吉格里奧（Keith Giglio）
譯者 / 陳依萍
責任編輯 / 林荃瑋

業務經理 / 羅越華
總編輯 / 蕭麗媛
視覺總監 / 陳栩椿
發行人 / 何飛鵬
出版 / 易博士文化
城邦文化事業股份有限公司
台北市中山區民生東路二段141號8樓
電話：（02）2500-7008 傳真：（02）2502-7676 E-mail：ct_easybooks@hmg.com.tw
發行 / 英屬蓋曼群島商家庭傳媒股份有限公司城邦分公司
台北市中山區民生東路二段141號2樓
書虫客服服務專線：（02）2500-7718、2500-7719
服務時間：周一至周五上午09:00-12:00；下午13:30-17:00
24小時傳真服務：（02）2500-1990、2500-1991
讀者服務信箱：service@readingclub.com.tw
劃撥帳號：19863813
戶名：書虫股份有限公司
香港發行所 / 城邦（香港）出版集團有限公司
香港灣仔駱克道193號東超商業中心1樓
電話：（852）2508-6231 傳真：（852）2578-9337 E-mail：hkcite@biznetvigator.com
馬新發行所 / 城邦（馬新）出版集團 [Cite（M）Sdn. Bhd.]
41, Jalan Radin Anum, Bandar Baru Sri Petaling, 57000 Kuala Lumpur, Malaysia
電話：（603）9057-8822 傳真：（603）9057-6622 E-mail：cite@cite.com.my

美術編輯 / 簡至成
封面構成 / 簡至成
製版印刷 / 卡樂彩色製版印刷有限公司

2022年5月26日 初版1刷
ISBN 978-986-480-226-5（平裝）
定價1000元 HK$333

城邦讀書花園
www.cite.com.tw